该专著由国家重点研发计划专题研究（2016YFC0500905-4）资助，在此表示衷心谢意！

博士生导师学术文库

A Library of Academics by
Ph.D.Supervisors

荒漠化防治综合效益评估

以毛乌素沙地为例

张 颖 等 著

光明日报出版社

图书在版编目（CIP）数据

荒漠化防治综合效益评估：以毛乌素沙地为例 ／ 张
颖等著 ． -- 北京：光明日报出版社，2021.4
（博士生导师学术文库）
ISBN 978 - 7 - 5194 - 5912 - 3

Ⅰ．①荒… Ⅱ．①张… Ⅲ．①毛乌素沙地—沙漠化—
防治—效益评价 Ⅳ．①P942.413.73

中国版本图书馆 CIP 数据核字（2021）第 060861 号

荒漠化防治综合效益评估——以毛乌素沙地为例
**HUANGMOHUA FANGZHI ZONGHE XIAOYI PINGGU
——YI MAOWUSU SHADI WEILI**

著　　者：张颖 等

责任编辑：杨　娜　　　　　　　　责任校对：周春梅
封面设计：一站出版网　　　　　　责任印制：曹　诤

出版发行：光明日报出版社
地　　址：北京市西城区永安路 106 号，100050
电　　话：010 - 63169890（咨询），63131930（邮购）
传　　真：010 - 63131930
网　　址：http://book.gmw.cn
E - mail：yangna@gmw.cn
法律顾问：北京德恒律师事务所龚柳方律师

印　　刷：三河市华东印刷有限公司
装　　订：三河市华东印刷有限公司
本书如有破损、缺页、装订错误，请与本社联系调换，电话：010 - 63131930

开　　本：170mm×240mm
字　　数：246 千字　　　　　　　印　　张：15.5
版　　次：2021 年 4 月第 1 版　　　印　　次：2021 年 4 月第 1 次印刷
书　　号：ISBN 978 - 7 - 5194 - 5912 - 3
定　　价：95.00 元

前　言

　　毛乌素沙地是中国四大沙地之一,是我国荒漠化危害比较严重的地区之一,该地区属于生态脆弱区,也属于草原生命地带区域。从 1959 年开始毛乌素沙地荒漠化治理以来,荒漠化危害已明显减小,防沙治沙也取得了明显的成效,制约当地社会经济可持续发展的生态环境问题也得到一定程度的解决。但如何科学评估毛乌素沙地防沙治沙取得的成就,并科学评估防沙治沙工程取得的效益,为荒漠化的治理、防沙治沙工程的管理和当地区域经济的可持续发展等提供参考和依据,这是迫切需要研究的课题,也是迫切需要解决的问题。

　　本书为国家重点研发计划专题研究"半干旱荒漠区防沙治沙工程效益综合评估"(2016YFC0500905 - 4)的内容。研究主要采用 Meta 分析效益转移法、虚拟变量回归和空间外溢性分析等方法,发现我国毛乌素沙地荒漠化防沙治沙工程效益发生明显变化,荒漠化程度也呈现出明显的逆转趋势。

　　研究共分 10 章。首先,对国内外的相关研究及荒漠化防治等进行了综述;其次,对盐池县、榆林市、鄂尔多斯市和毛乌素沙地防沙治沙工程综合效益等进行了评估研究;最后,对毛乌素沙地防沙治沙工程综合效益的空间外溢性和影响因素等进行了分析,并得出了一些有益的结论。研究所采用的理论、方法等均是目前该领域比较前沿、科学的理论方法,有关结论也取得了一定的突破。

　　研究对 1990—2015 年毛乌素沙地防沙治沙工程的草地、林地、耕地、水域资源效益进行了评估。研究结果表明:1990 年、1995 年、2000 年、2005 年、2010 年和 2015 年毛乌素沙地草地、林地、耕地、水域不同资源年综合效益分别为 893.78 亿元、864.43 亿元、852.89 亿元、984.64 亿元、1591.74 亿元、1950.89 亿元。长期预测也表明：2020 年、2025 年毛乌素沙地荒漠化防沙治沙工程的综合效益分别为 2078.435 亿元和 2354.369 亿元，呈现明显增长的趋势。

研究对 1990—2015 年的相关数据分析发现：毛乌素沙地草地、林地、耕地及水域单位面积资源效益发生明显变化。其中 1990—2015 年，草地和林地单位面积资源效益均表现为先减后增的趋势，且转折点都出现在 2000 年左右。对于草地资源，其单位面积效益在 2005—2010 年的年均增长率为 0.38%，2010—2015 年的年平均增长率为 0.13%。对于林地资源，其单位面积效益在 2005—2010 年的年均增长率为 0.24%，2010—2015 年的年平均增长率为 0.06%。耕地单位面积效益则表现为持续上涨的趋势，但在 2000 年之前增长趋势不明显，其单位面积效益的整体增幅为 30.35%，年均增长率为 1.07%。对于水域资源来说，其单位面积效益也表现为先增后减的趋势，在 2005 年之前表现为显著的上升趋势，但在 2005 年后则呈现大幅度的下降趋势。这表明沙地荒漠化防治工程的实施使防沙治沙工程效益发生了明显变化，实现了土地利用和生态环境的双重优化，防沙治沙工程效益明显。

研究还采用空间外溢性分析方法，分析了毛乌素沙地荒漠化防沙治沙工程效益的外溢性问题和综合效益的影响因素。研究发现防沙治沙工程效益存在明显的空间溢出效应，并产生相互影响作用。其中，防沙治沙工程的资金投入在直接、间接、总效应方面都通过了显著性检验，作用为正向影响。地区产业结构在本地区的直接效应上表现显著，也为正向影响。劳动力投入未通过检验，说明劳动力的投入对于防沙治沙综合效益水平的提升的影响不显著。另外，研究还发现防沙治沙工程效益也与沙区草地、林地、耕地、水域的面积扩大有关，但综合效益的发挥存在一定的滞后性。

研究还采用虚拟变量回归的方法，验证了人为因素和自然因素对综合效益的影响，在人为因素和自然因素中，尤其是年降水量和年均气温以及防沙治沙政策对毛乌素沙地荒漠化逆转有极大的推动作用，也对防沙治沙工程效益的发挥有重要的影响作用，从而定量分析了人为因素和自然因素对荒漠化防治的影响作用，为防沙治沙工程的管理和相关政策制定等提供了技术支撑。

研究中得到了北京林业大学原党委书记吴斌教授，北京林业大学水土保持学院张宇清教授、副院长，丁国栋教授，秦树高副教授等的大力支持和帮助，在此表示衷心的感谢！北京林业大学经济管理学院李晓格博士，张一宁、姜夏雨、袁擘、张彩南、王相麾等硕士也参加了相关研究，在此也表示衷心感谢！

研究中引用了大量相关数据和资料，对有关作者和研究者一并表示衷心感谢！研究中有关错误在所难免，望各位同人不吝指教！

作者

2020 年 1 月 30 日

目 录
CONTENTS

第一章

总　论

中国是世界上沙漠与沙漠化面积分布最广的国家之一，据国家林业和草原局第 5 次全国荒漠化监测结果显示：截至 2014 年，全国荒漠化土地面积 261.16 万 km²，占国土面积的 27.20%；沙化土地面积 172.12 万 km²，占国土面积的 17.93%；还有 30.03 万 km² 的土地面积有明显沙化趋势，在全球气候变暖和人类活动加剧的情况下，土地荒漠化仍有可能再度扩展（刘宇峰，2016；舒培仙等，2016）。

中共十八大以来，国家重视生态文明建设，并将"生态文明"建设纳入国家宪法当中。2015 年，中共中央、国务院在《关于加快推进生态文明建设的意见》中提出，要继续加大对自然保护和生态修复的支持力度，强化沙区治理难点技术科研攻关，加快防沙治沙实用技术推广，提升防沙治沙科技创新水平（《中国能源》编辑部，2015）。因此，半干旱荒漠区防沙治沙工程效益的研究可以为区域生态系统服务功能的提升、生态系统建设和管理等提供决策依据，并提高区域生态建设的科学性，推动沙化土地实现持续、快速逆转，改善沙区人居环境质量，为区域可持续发展和生态文明建设等提供环境保障。

第一节　概念界定及研究范围

一、概念界定

（一）半干旱沙漠区

中国半干旱荒漠区一般是指北起呼伦贝尔草原，东界大致沿大兴安岭南下，包括了大兴安岭东侧的科尔沁沙地以西，沿冀辽山地、大马群山（燕山山脉）、长城、黄河（晋陕间）南下，然后沿白于山西延，包括甘肃省环县北部，西接西北干旱区。范围大致相当于全国农业区划的内蒙古及长城沿线，主要为半干旱草原和农牧交错带（闫峰等，2013）。为了评估监测和研究的科学性，研究主要选择毛乌素沙区作为主要的半干旱沙漠区进行研究，并进行相关区域防沙治沙工程综合效益评估。

（二）防沙治沙工程

防沙治沙工程是一个系统的综合性工程，中国自开展沙漠化治理已经走过了近半个世纪。因此，项目涉及的防沙治沙工程主要包括三北防护林工程、天然林保护工程、防沙治沙工程、退耕还林工程、退牧还草工程、草原沙化防治工程、自然保护区建设工程、森林抚育工程、湿地保护与恢复工程、产业带生态建设项目等涉及的毛乌素沙地的治理工程。

（三）综合效益评估

综合效益评估主要是指项目区域生态效益、社会效益和经济效益的评估，同时，也对项目区域生态效益、社会效益和经济效益引起的叠加效益进行评估。

生态效益评估是对防沙治沙工程带来的生态服务价值进行评估，对其生态服务给予经济价值量化，为系统管理提供决策参考依据。生态服务是指人类从生态系统获得的所有惠益，包括：供给服务，如提供食物和水；调节服务，如控制洪水和疾病；文化服务，如精神、娱乐和文化收益；支持服务，如维持地球生命生存环境的养分循环等。具体包括有机质的生产与生态系统产品、生物多样性的产生与维护，调节气候，减缓灾害，维持土壤功能，传粉播种，控制有害生物，净化环境，感官、心理、精神益处以及精神文化的源泉等。

社会效益评估就是对各项沙漠化防治的生物和工程措施提供的就业机会价值，科学知识普及，文化与历史价值，游憩价值，减少贫困，降低犯罪率，维护社会公平、正义等价值进行评估。

经济效益评估就是对沙漠化治理产生的经济效益进行评估，包括减少风沙灾害的经济损失，沙生产业的经济、服务产出及带动效益，如提供的沙生动植物产品和服务的经济价值、扩大的沙生植被土地等。

叠加效益或称扩大效益，是近年来经济学中新出现的一个概念。它主要指由于项目存在生态效益、社会效益和经济效益，则项目也对整体的综合效益有利，会出现 1 + 1 + 1 > 3 的现象，出现"乘数效益"，非简单相加。叠加效益在管理学中普遍存在，但在经济学中刚提出不久，相关计量还存在一定的困难（陈立武，2019）。

综合效益评估的研究主要从 20 世纪 60 年代开始（罗娟等，2014）。由于监测和相关统计数据获取比较困难的缘故，本次毛乌素沙地综合效益评价的具体时间为 1990—2015 年。

二、研究范围

该项目研究区域主要为毛乌素沙地。毛乌素沙地是中国四大沙地之一，处于黄土高原与鄂尔多斯台地的过渡地带，位于北纬 37°27.5′ ~ 39°22.5′，东经 107°20′ ~ 111°30′。根据我国行政区划，毛乌素沙地包括内蒙古自治区的伊金霍洛旗、乌审旗、鄂托克旗、鄂托克前旗，陕西省的定边县、榆林市、神木县、靖边县、横山县及宁夏回族自治区的灵武市、盐池县 11 个行政县（旗）市[①]。毛乌素沙地总面积为 $9.2 \times 10^4 \text{km}^2$，其中沙地面积约 $6.4 \times 10^4 \text{km}^2$，约占全国沙土化面积的 3.7%。按照 Holdridge 的生命地带（Life Zone），该区属于草原生命地带，同时也是我国沙漠化严重发展的典型地区之一（王涛等，2014）。

在行政区域划分上，毛乌素沙地包括 11 个行政县（旗）市。本研究以县（旗）市为单位，从 11 个县（旗）市中利用分层抽样法确定样本容量，具体计算公式为：

$$n_i = K \times \frac{N_i}{N} \tag{1-1}$$

其中，N 为总样本数，$N = 11$；N_i 为第 i 个分层中的样本数，$N_1 = 2$，为毛

①　毛乌素沙地原行政区划上跨越 3 省（区）12 县（旗）市，包括内蒙古自治区的鄂托克前旗、鄂托克旗、乌审旗、伊金霍洛旗，陕西省的榆林市、定边县、靖边县、横山县、神木县及宁夏回族自治区的灵武市、陶乐县、盐池县。2004 年，陶乐县建制被撤销，原陶乐县城更名为陶乐镇，并划归宁夏平罗县管辖。因此，目前，毛乌素沙地行政区划包括了 11 个县（旗）市。

乌素沙地行政市个数，$N_2 = 9$，为毛乌素沙地行政县（旗）个数；n_i 为选取的样本数；K 为样本分层数，$K = 2$。经计算，选取的样本数为3，具体为：

$$N_1 \approx 1 \tag{1-2}$$

$$N_2 \approx 2 \tag{1-3}$$

所以从11个县（旗）市中抽取3个县（旗）市作为样本。

本研究在毛乌素沙地11个县（旗）市中，根据遥感影像数据和区位特点，选择内蒙古鄂尔多斯市、陕西榆林市、宁夏盐池县3个县（旗）市为主要的样本观测点，并对毛乌素沙地防沙治沙综合效益进行评估研究。

第二节　研究内容及方法

一、研究内容

本研究在分析毛乌素沙地防沙治沙综合效益评价理论和方法体系的基础上，构建毛乌素沙地防沙治沙综合效益评价数据库，主要构建半干旱荒漠区沙地植被特征和生态系统服务评价等数据库，并构建防沙治沙工程综合效益评估指标体系、技术方法和模型，以内蒙古鄂托克旗、乌审旗，陕西榆林市，宁夏盐池县为典型样点，对防沙治沙工程产生的生态、社会、经济和叠加效益等进行全面、系统综合的评估，为区域防沙治沙工程建设等提供技术支撑。

防沙治沙综合效益评估的内容主要包括防沙治沙的生态效益、社会效益、经济效益和叠加效益等。由于叠加效益近几年刚提出来，具体计量还存在一定的困难，本研究暂不考虑毛乌素沙地叠加效益的计量。研究主要采用综合指标评价法、生态足迹分析法、META 分析法、综合效益空间外溢性分析法、生态位适宜度评价方法模型和虚拟变量回归法等对以往防沙治沙取得的成就进行量化分析，评估各项防沙治沙工程在应对气候变化上的贡献，对未来气候条件下沙漠化防治效益的演变趋势进行分析和预测。

二、研究方法

项目主要梳理毛乌素沙地60多年来的发展变化，结合多源数据，构建综合效益评估模型，对毛乌素沙地综合效益进行评估和分析。

（一）综合指标评价法

半干旱荒漠区防沙治沙工程是一项以生物防治为主、辅之以工程措施相结合的系统生态工程。只有形成区域性的、结构合理的、防护性能互补的综合体系，才能逐步改善和恢复生态平衡，维护毛乌素沙区的生态安全。由于该工程是一项比较复杂的生态系统工程，在评价其效益时不能采用单一的指标或标准，必须采用能够反映工程本质和行为的一系列指标构成指标体系，以便科学、全面、准确地评价项目的综合效益，为项目下一步实施和制定宏观政策提供科学依据。

1. 指标构建原则

半干旱荒漠区防沙治沙工程综合效益指标体系是由若干单项指标按照一定规则、相互补充而又相对独立而组成的群体指标体系，它是各种投入资源利用效果的数量表现，反映了各类生产资源相互之间，生产资源和劳动成果之间，生态子系统和经济、社会子系统之间的因果关系。因此，分析和制定评价指标体系时，要从不同侧面、不同层次进行，并遵循以下基本原则。

（1）科学性原则

指标与指标体系的设计要建立在科学的基础上，与可持续发展的价值观保持一致，包括经济、社会、生态等方面，指标的选择既要有明显的差异性，又要有一定的普适性。指标反映的概念要科学，计算范围要明确，评价指标体系的设立要科学，能较客观、系统、全面、真实地反映防沙治沙工程项目的内涵和目标实现程度。

（2）可操作性原则

指标体系作为一个有机整体，既要反映防沙治沙项目综合效益评价系统的自然、经济和社会特性，又要反映各系统相互协调的特性。因此，指标内容设计要简单明了，容易理解，层次分明，相互独立，而且各项指标都容易用数值计算，便于操作。

（3）可比性原则

指标与指标体系应在一定时期内，在含义、范围、方法等方面具有统一的口径，以便于积累资料，便于评价结果的可比性。

（4）代表性原则

综合效益评价是一项复杂的工作，选择指标应具有代表性，能全面、准确、系统地反映整个系统的结构、功能等要素的变化状况。

从可持续发展和循环经济的角度看，指标体系应当反映目前与长远、局部与整体、单项与综合、生态与经济、自然与社会等方面的情况。所建指标体系要充分反映系统的每一个侧面，具有层次性，层层深入，形成一个完整的评价系统。

2. 评价指标选择

根据项目的复杂性和涉及变量较多等特点，将防沙治沙工程按照系统学方法分类，即将综合效益作为一个"生态—经济—社会"复合系统，分为生态、经济、社会三个子系统，然后对子系统按照归类法制定出具体指标。

根据综合指标评价法的原则和相关理论要求进行指标筛选，建立半干旱荒漠区防沙治沙工程生态、社会和经济效益评价指标体系如下（表1.1）。指标体系包括一级指标3个，二级指标12个。

表1.1　防沙治沙综合效益评价指标体系

一级指标	二级指标	具体指标	备注
经济效益	经济规模	GDP 总量（亿元）	
		人均 GDP（元/人）	
	产业经济	第一产业/农林牧渔业占 GDP 比重	
社会效益	就业机会	第一产业/农林牧渔业就业人数（万人）	
	生活质量	人均可支配收入（元）	
		恩格尔系数	
	旅游价值	旅游业产值（万元）	
		年游客数量（万人）	
	沙漠历史价值	博物馆数量（个）	

一级指标	二级指标	具体指标	备注
生态效益	生物多样性	植被数量	
	防沙治沙效果	沙漠面积(hm^2)	
		沙化土地治理面积(hm^2)	
	改善气候	植被覆盖率	
		降温降湿效益	
	净化大气	阻滞降尘效益	
	固碳释氧	固定 CO_2 效益	
		释放 O_2 效益	
	沙地景观	景观类型(种类)	

(二)生态足迹分析法

生态足迹分析法是加拿大生态学家威廉·里斯(William Rees)和他的博士瓦克纳格尔(Wackernagel)创造的一种生态评价方法。这一方法的基本思想是通过使用生物性产出土地面积来表达人们对生态系统提供的资源、能源和服务的消费,并通过将资源和能源消耗与生产转化为六类生物产出用地的比较来量化生态系统的可持续发展能力。分析评价中,主要计算人们的资源、能源和服务消费的生态足迹,生态系统的生态承载力和生态赤字/生态盈余。其中,生物产出用地可以作为不同类型自然资源消耗与生产的统一指标,具体划分如表1.2所示。

表1.2　生物产出性土地类型

项目	分类	含义
1	耕地	耕地的土地生物生产能力最大,生物产量高,以种植农作物为主,是人类生存资源的主要来源地
2	林地	林地主要由天然林、次生林以及人造林构成,有产出木材、净化空气、水源涵养、土壤保育等功能
3	草地	草地以发展畜牧业为主,生物产量较低,是牲畜的主要食物来源,能够提供肉类食品,但是只有 10% ~20% 的植物能转化为动物能

项目	分类	含义
4	水域	水域包括淡水水域和非淡水水域两种，主要提供鱼类等水生产品
5	化石燃料用地	化石燃料土地吸收化石燃料，如煤、天然气、石油等经过燃烧释放的 CO_2，降低核辐射
6	建设用地	建设用地是人们赖以生存的场所，为人们的人居设施和道路所占据的用地

1. 生态足迹计算

生态足迹（Ecological Footprint）是指在某一区域内，人口、技术条件和经济规模一定的情况下，人类生产所消耗的资源和能源以及吸收生活垃圾等消费废弃物所必需的生物产出性用地面积（张志强、徐中民等，2000）。人均生态足迹和总生态足迹可分别表示为：

$$EF = N \times ef \tag{1-4}$$

$$ef = \sum_{i=1}^{n} aa_i = \sum_{i=1}^{n} \frac{c_i}{p_i} \tag{1-5}$$

式中，EF 为评价区域内总生态足迹，ef 为评价区域内人均生态足迹，N 为评价区域内人数，c_i 为评价区域内 i 种资源的人均消耗量，p_i 为第 i 种资源的平均产出水平，aa_i 为评价区域内人均第 i 种资源转换的生物产出性土地面积。在这个公式中，生态足迹是地区人数与人均资源消耗之间关系的函数（曹京、张洪，2016）。在计算人均生态足迹时，具体公式也可表示为：

$$ef = \sum r_j \times aa_j (j = 1, 2, \cdots, 6) \tag{1-6}$$

式中，ef 为评价区域内人均生态足迹，r_j 为第 j 类土地的均衡因子，aa_j 为第 j 类评价区域内的生物性产出土地面积，$j = 1, 2, \cdots, 6$ 表示评价区域内的六种土地类型。由于这六种生物产出性土地的生产能力存在差异，因此有必要使用"均衡因子"，将有着不同生物产出能力的土地面积转变为具有相同生物产出能力的土地面积。

2. 均衡因子计算

在计算生态足迹的过程中，六种类型土地的单位面积产出能力存在较大差距，为了便于比较和汇总，对于不同形式的土地，不同的面积需要乘上对应的"均衡因子"。均衡因子是将某一类土地单位面积产量与世界上所有不同类型土地单位面积产量做比较，是将不同类型土地等量处理时的重要系数（张颖，2006）。均衡因子的计算不用考虑人为管理因素和技术差别的影响，是代表不同类型土地之间生物性产出能力的差异。其计算公式可以表示为：

$$r_j = \frac{P_i}{P} = (\frac{Q_i}{S_i})/(\frac{\sum Q_i}{\sum S_i}) = \frac{\sum_k P_k^i r_k^i}{S_i}/\frac{\sum_i \sum_k p_k^i \gamma_k^i}{\sum S_i} \qquad (1-7)$$

式中，P_i 为第 i 类土地的平均产出水平，P 为评价区域内所有土地的平均产出水平，Q_i 为第 i 类土地的总生物产出量，S_i 为第 i 类土地的生物性产出土地面积，P_k^2 表示第 i 类土地的第 k 种产物的产出量，γ_k^i 表示第 i 类土地的第 k 种产物的单位热值。

3. 生态承载力计算

生态承载力（Ecological Capacity，EC）是指产出技术水平和生态功能保持在最低水平时，一个地区可以为人们提供消耗的生物资源、能源，并最大化吸收人们产生废物的生物性产出土地面积（叶田、杨海真，2010）。某一地区实际有的所有生物产出性土地的和是该地区的生态总承载力，表示为区域自然物质的总供给量（刘宇辉，2005）。计算人均生态承载力和总生态承载力的公式可表示为：

$$EC = N \times ec = N \times \sum a_j \times r_j \times y_j (j = 1, 2, \cdots, 6) \qquad (1-8)$$

式中，EC 为评价区域的总生态承载力，ec 为评价区域的人均生态承载力，N 为评价区域的人口，a_j 为评价区域内人均生物产出性土地面积，r_j 为均衡因子，y_j 为产量因子。

不同国家和区域在资源存量方面是存在差异的，会对单位面积相同的土地产出能力产生影响，在计算生态承载力时有必要通过"产量因子"进行调整。产量因子是指某个国家或者区域的某类土地平均产出能力与全球同种类型土地平均产出能力之比，它充分将当地的生产技术条件和管理水平等因素纳入考虑范围之内，能够代表国家或地区生物产量与全球平均生物产量之差。

4. 生态赤字/生态盈余计算

生态赤字（Ecological Deficit，ED）与生态盈余（Ecological Surplus，ES）是在

生态足迹和承载力的基础上产生的概念，通过将生态足迹与承载力进行大小比较，来评价某一地区是否有充足的自然资源和能源来维持人类的生产和消费行为，便于在整体上定量评估区域生态与经济社会发展情况（何利，2010）。当满足人们生活需求的某一区域的生态足迹比该区域的生态承载力多时，表明该区域的资源消耗水平超过了生态承载力，则该区域属于生态赤字。生态赤字可用于分析自然生态系统限制经济发展的程度，它代表了为满足一定经济活动，相应生态基础存在的差距（陈六军、毛谭等，2004）；相反，当满足人们生活需求的生态足迹比生态承载力少时，表明为生态盈余。计算生态赤字与生态盈余的公式分别表示为：

$$ED = EF - EC = N \times (ef - ec) \tag{1-9}$$

$$ES = EC - EF = N \times (eC - fe) \tag{1-10}$$

生态赤字（ED）和生态盈余（ES）可以量化出研究地域的可持续发展水平，直观表示出某一区域的自然资源供给量是否足够支持该区域的资源消费与生产活动。

5. 单位生态足迹 GDP 产出计算

单位生态足迹 GDP 产出综合了经济指标与生态足迹，在评估地区的可持续发展方面发挥着重要作用。它客观地反映经济社会发展程度、自然资源和能源利用效率，以及人们行为对自然环境产生的压力，是地区可持续发展水平定量评估的主要标准。其公式为研究区域 GDP 与生态足迹的比值，可以表示为：

$$W = GDP/EF \tag{1-11}$$

在该指标中，单位生态足迹 GDP 产出的大小，能够说明该地区生物产出性土地潜在价值的大小，经济水平对利用自然资源、能源方面的效率和人类活动对自然环境的压力。单位生态足迹 GDP 产出越小，说明该区域生物性产出土地潜在价值较低，经济发展阻碍了自然资源的利用，区域资源和能源利用率较低。

6. 生态可持续发展指数计算

生态可持续发展指数是评价区域内生态足迹与生态足迹和承载力之和的比，是用来评估评价区域发展的可持续性水平，客观反映区域承载的生态环境压力状态，有利于进一步分析自然资源与经济进步的融合程度，其计算公式如下：

$$E_{index} = \frac{ef}{ef + ec} \qquad\qquad (1-12)$$

根据生态可持续发展指数的计算公式，地区可持续发展状况一般分为四个级别，其数值范围在 0~1，越接近于 1 表示该区域的生态环境发展与经济社会水平耦合性越差，自然资源消耗大，生态压力大，生态经济系统在发展中接近不可持续的状态；相反，指数越靠近 0，生态环境与该地区经济和社会发展的耦合性就越好，在发展过程中，自然资源的利用率高，生态压力小，生态经济系统处于可持续发展状态。具体分级情况如表 1.3 所示。

表 1.3　生态可持续发展指数分级

等级	可持续性状况	指数
1	强可持续	<0.3
2	弱可持续	0.3~0.5
3	弱不可持续	0.5~0.7
4	强不可持续	>0.7

7. 生态多样性指数

生态多样性指数的概念出现在生态学中，用于进一步衡量某一区域可持续发展水平，计算公式可以评估评价区域内的土地多样性，客观反映生态足迹的内部架构，合理判断区域发展的稳定情况。其计算公式表示为：

$$H = -\sum p_i ln p_i \qquad\qquad (1-13)$$

式中，H 为生态多样性指数，p_i 为第 i 类生物产出土地面积的比重，生态多样性指数越大，生态足迹中各类土地样式就越多，生态足迹更加均衡，生态经济系统就更稳定；相反，生物多样性指数偏小，生态足迹内各类的土地样式就不够多，生物分布不均，生态经济系统不够平稳。

8. 生态协调指数

生态协调指数用于评估评价区域经济社会发展与自然资源环境的配合程度，客观地反映评价区域的可持续发展状态，其计算公式是基于人均生态足迹和人均生态承载力产生的，具体公式表示为：

$$DS = (ef + ec) / \sqrt{ef^2 + ec^2} \tag{1-14}$$

式中，DS 为人均生态协调指数，取值范围为（1，1.41），ec 为人均生态承载力，ef 为人均生态足迹。当 DS 趋近于 1 时，表明区域自然资源需求大于供给，生态经济系统协同不良，地区为不可持续发展水平；当 DS 趋近于 1.41 时，表明地区自然资源需求低于供给，可持续发展水平更高；当 $DS = 1.41$ 时，说明区域自然资源供给与需求达到平衡，生态经济系统相互协调，区域可持续发展较普遍。

（三）Meta 分析效益转移法

Meta 分析效益转移法是效益转移法的一种，能够综合分析研究地和政策实施地在生态环境条件、社会经济发展水平及政策实施情况等不同方面的差异，主要原理是以现有的研究结论为基础，构建有效的价值转移模型，从而实现对政策实施地的精准价值评估（赵玲，2011）。正如美国环保协会所言："Meta 分析效益转移法是效益转移法中精确性和严谨程度最高的一种方法。"（U. S. Environmental Protection Agency，2000）

对于 Meta 分析的起源接受度最广的一种说法是，统计学者皮尔森（Pearson）通过平均样本的 5 个统计量来评价疫苗的有效性（Pearson，1904）。此后，费希尔（Fisher）（1932）等三位统计学家以皮尔森的研究为基础，不断深入探索，最终提出结合概率统计检验的相关概念。由此，Meta 分析法开始受到学术界的广泛关注，关于 Meta 分析理论及方法的研究开始大量出现。虽然不同学者对 Meta 分析的研究从未间断，但也仅局限于对方法的不断探索，而在真正意义上将 Meta 分析方法应用于实际中的研究并不常见（Cochran，1954；Beecher，1955；Mantel Haenszel，1959）。直至 1976 年，医学领域学者格拉斯（Glass）（1976）为评价心理疗法的治疗效果，首次提出使用效应值的评价方法，并正式把定量综合的分析方法命名为 Meta 分析，这也正式拉开了 Meta 分析广泛应用于医学领域的序幕。Meta 分析的相关理论和运用方法在检验与质疑中不断成熟，理论及方法的完善使其不再局限于医学领域的相关研究，20 世纪 90 年代，生态研究学者将 Meta 分析应用于生态领域（Curtis，1996；Adams et al.，1997），但由于 Meta 分析在生态领域的应用尚未成熟，缺乏标准的应用体系，因此，在之后的一段时间里，古列维奇（Gurevitch）等学者致力于规范 Meta 分析的应用，通过提供 Meta 分析方法的使用手册、开发专门用于生态领域的 Meta 分析软件等增加了 Meta 分析在生态领域研究中的便利性和规范性，使得 Meta 分析对于生态领域研究的价值逐渐得到学术界的认可（Adamse et al.，1997；Rosenberg et al.，2000；Koricheva et al.，2013）。林德杰姆（Lindhjem）等学者利用 Meta 分析法对挪威等国的森林资源价值进行评价研究，构建并利用价值转移模型，有效评估森林生态系统在森林保护、生物多样性等方面的价值，对指导森林资源的有效利用具有一定的理论意义（Lindhjem 和 Henrik，2007；Pouta 和 Rekola，2005）。学者布兰德（Brander）利用 Meta 分析法研究水域属性与其生态系统服务水平之间的潜在关系，以目前已有的符合要求的国内外研究为基础，提取样本数据构建生态系统服务价值转移数据库，并以此为基础数据，构建价值转移模型，在保证模型通过可行性检验的前提下，将该转移模型应用于政策地的相关研究（Brander L M，et al，2011）。圣多斯（Santos）等学者（Santos C P，et al，2012）在现有研究中筛选出与生态系统服务价值相关的所有研究作为研究样本，并从研究样本中提取有效数据构建了关于墨西哥湾生态系统服务价值评估的基础数据库，并将此数据库上传至网上供学者查询使用。

1. Meta 分析效益转移法的有关研究

相比于国外较为成熟的综合指标评价法等研究理论和成果，Meta 分析在我国起步较晚。1993 年，学者赵宁、俞顺章（1993）将 Meta 分析法引入医学领域，Meta 分析法在医学领域中的首次使用揭开了我国 Meta 分析的研究序幕。随后，彭少麟根据 Meta 分析法在国外生态学领域中的应用和取得的研究成果，开始利用 Meta 分析法进行生态学研究，成功将其引入生态学领域（彭少麟和唐小嫁，1988；彭少麟和郑凤英，1999；柳江和彭少麟，2004），自此，Meta 分析法在国内生态领域逐渐得到应用，并取得多项成果。尤其是近年来，随着 Meta 分析法的日益成熟，逐渐形成了适用于生态领域的 Meta 分析体系，相关研究及论文数量也在不断增加。苗翠翠在其毕业论文中对效益转移法的相关理论及应用等进行了系统、详细的阐述，根据 Meta 分析法的使用原理，收集相关数据建立数据库，并利用样本数据构建函数转移模型，在模型通过有效性检验的基础上，将有关模型应用于政策地研究，有效评估了大连市星海公园的游憩价值（苗翠翠，

2009）。郭明 2009 年对 Meta 分析的发展历程进行了综述性研究，总结性说明了有关研究在生态环境领域中的应用及 Meta 分析的步骤与方法等，并进一步指出了 Meta 分析在生态学研究领域的局限性（郭明，2009）。石平出于评估中国森林资源的游憩价值的目的，对于 Meta 分析应用于森林资源游憩价值评价上的国内外现有研究进行收集整合，提取有效数据信息建立数据库，并以此数据库为基础，构建评估森林资源游憩价值的转移模型，以该模型衡量当前我国森林资源的游憩价值（石平，2010），对于后来的相关研究具有一定的借鉴意义。之后，赵玲在查阅国外关于效益转移法研究的基础上，总结了 Meta 分析法在国外的研究进展以及存在的局限性，并利用 Meta 分析法建立适用于我国的价值转移模型，对我国的自然景观和生态系统服务价值进行评估（赵玲和王尔大，2011；赵玲，2013）。朱晓磊针对中国矿业城市，确定了影响城市生态系统服务价值量的相关指标，结合统计与计量学方法构建了矿业城市四种土地类型生态系统的服务价值转移模型，并把验证后的模型应用于湖北省武安市生态系统服务价值的评估，分析比较各种生态系统对于整个城市生态系统服务价值的贡献情况（朱晓磊，2017）。杨玲运用 Meta 分析法针对青岛市湿地生态系统构建其服务价值转移模型，测算了青岛市不同种湿地的价值大小，并进一步探讨了模型的有效性及生态系统服务价值的影响因素（杨玲，2017）。李敏运用 Meta 分析法就中国沿海地区的生态价值进行实证研究，以期得出影响生态系统服务价值的主要因素，进一步完善对沿海地区生态系统价值的认识（李敏，2018）。漆信贤通过收集有关森林生态系统的研究，构建了价值转移模型，研究证明 Meta 分析应用于森林生态系统服务价值的研究是合理且高效的（漆信贤，2018）。北京大学资源与环境学院的张雅昕等人基于 Meta 分析计算京津冀地区草地、林地等地类生态系统服务价值，为区域土地利用的可持续性管理提供参考意见（张雅昕，2015）。

总之，Meta 分析方法是统计方法的一种，主要是对在一定条件下、同一评估对象的诸多分析成果进行收集、整理、分析。在该方法的使用过程中，研究者利用统计和计量等方法，对收集的大量研究文献进行定量分析和系统总结，通过对所收集文献的相关研究结果进行量化分析，并以量化分析结果为依据，对研究所提出的问题进行回答，从而得出更加全面、直观和科学的一般性结论。本研究在研究过程中，搜集、整理了大量与干旱半干旱内陆地区生态系统服务价值评价相关的研究，通过筛选，最终确定本研究的价值转移数据库和相关文献，并开展相关研究。本研究将林地、草地、水域等不同地类单位面积的生态系统服务价值作为被解释变量，将社会发展、经济水平、人口等因素作为解释变量，构建适用于毛乌素沙地的价值转移模型，用以分析毛乌素沙地生态系统服务价值在不同荒漠化防治阶段的变化情况及趋势。

2. Meta 分析效益转移法的一般步骤

运用 Meta 分析效益转移法估算生态系统服务价值的一般步骤如下（图 1.1）：

第一步，分析政策地的自然资源、生态环境属性和社会发展情况，明确需要对哪些地类进行生态系统服务价值评估，同时结合政策实施地的各项属性及特征确定样本研究文献的筛选标准。

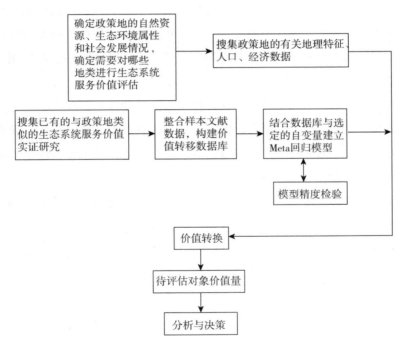

图 1.1　Meta 分析流程图

第二步，通过大量文献回顾和搜索，搜集已有的与政策实施地类似的生态系统服务价值的实证研究，根据所确定的样本研究文献构建价值转移数据库。

第三步，对数据库中的指标数据进行进一步提取分析，确定影响生态系统服务价值量的因素，并作为价值转移模型的自变量，对进入回归分析的模型变量按照 Meta 分析的统计标准进行编码赋值。

第四步，结合所构建的数据库及变量的编码赋值情况，进行价值转移模型回归，从而解释各自变量的变动对因变量的影响情况，同时对转移模型进行系数检验、拟合优度检验以及有效性检验等。

第五步，根据价值转移模型中的自变量搜集政策实施地的相关数据，并将汇总数据带入价值转移模型中，实现对政策实施地各地类单位面积生态系统服务价值的估算，再将单位价值与不同地类生态系统面积总数相乘相加，得到政策实施地生态系统服务的总价值量。

3. Meta 分析效益转移法的应用条件

效益转移方法是基于大量相似研究地已有的实证研究结果进行的，是一种生态系统服务价值的间接评估方法。因此，效益转移评估结果的准确性在很大程度上受限于已有的实证研究的研究质量。所以，对效益转移法的应用有以下限制条件：

一是用以构建价值转移数据库及转移回归模型的样本研究文献中必须包含对一个或多个地类生态系统服务价值的评估，并且在评估的过程中对研究地的自然资源、生态环境、社会经济发展情况、评估方法以及所涉及的生态系统服务类型等信息都有较为详细的介绍。

二是在进行价值转移研究的过程中能够确定政策实施地在自然资源、生态环境和社会经济发展等方面的特征信息。如各种土地利用类型的面积和可提供的服务类型、地区总人口数及生产总值等，同时需要事先明确对于政策实施地期望采用的价值评估方法及评估年限。

三是必须尽可能确保研究地和政策实施地在生态、经济、社会等方面的相似性。虽然 Meta 分析在一定程度上降低了对研究地和政策实施地在各方面的一致性要求，以此扩大了样本研究文献的筛选范围，提升了价值转移操作研究的可行性，但是研究地与政策地之间的相似性仍然是决定价值转移过程研究和结果的可靠性和准确性的重要因素。

4. Meta 分析效益转移法的限制

作为一种间接的生态系统服务价值评估方法，影响效益转移有效性和可靠性的主要因素如下：

一是原始研究的研究质量。实证研究是模型建立与价值转移的基础，其质量的好坏会极大地影响效益转移的有效性及可靠性，从而影响转移之后政策地价值评估的结果。除此之外，解释变量的多少也会影响效益转移的精度，当实证研究结果无法达到既定的质量要求时，会使得模型中解释变量的数目不足，从而降低其价值评估的精度。同时，实证研究质量也会影响样本数量，对于质量较差的研究，必须予以剔除，样本量的下降也同样会增加转移价值误差，影响效益转移模型的可靠性和准确性。

二是原始研究中的研究方法。现有的生态系统服务价值实证研究并不是为了效益转移而开展的，因此采用的价值评估方法各不相同。不同的价值评估方法会对评估结果产生影响。研究方法上的差异具体包括生态系统服务价值的评估方法和评估过程中所涉及的生态系统服务类型，这些差异的存在均会对转移价值产生不同程度的影响。

三是研究地和政策地的相关性。对于价值转移模型而言，研究地与政策实施地之间的关联性越强、特征越相似，转移模型的精确度也就越高。但在实际应用中，原有的实证研究可能具有较强的针对性，从而加大寻找替代对象的难度。另外，若研究地与政策实施地在地理位置、自然环境等客观条件或经济发展、战略定位等内部条件上相差较大，会出现转移模型无法实现价值评估的问题。

四是研究时间的影响。在选取样本研究文献的过程中，无法保证实证研究都发生在同一时间，并且生态系统服务价值的波动性较强，为了保证充足的样本量，只有选择不同时间的实证研究，由此产生的问题是：价值评估结果无法直接进行比较。在现有研究中针对此问题较为常见的解决方法是，将时间变量作为价值评估结果的影响因素纳入价值转移模型中。

五是社会经济属性的影响。研究地和政策地虽然存在明显的相似性，但在实证分析过程中，区域经济发展状况和人口数量上的差异会导致生态系统服务价值的评估结果不同。因此，在进行效益转移研究时，需要考虑不同研究地域之间社会发展方面的差异对生态系统服务价值评估结果的影响，并将相关因素纳入价值转移模型。

5. Meta 分析效益转移法的有效性检验

在 Meta 分析法的相关分析中可以看出，价值转移结果受到多种因素的影响。因此，为了进一步确定价值转移模型的可靠性，往往需要对其进行有效性验证。较为常见的三种价值转移有效性检验方法分别是误差检验、配对 t 检验以及相关系数检验。出于对样本量需求的考虑，一般研究采用误差检验法对模型有效性进行检验。

误差检验又叫作样本外效益转移误差检验，能够有效地反映预测值与原始值之间存在的差异程度，误差检验的计算公式如下：

$$DE = \frac{V_{\text{转移值}} - V_{\text{实际值}}}{V_{\text{实际值}}} \qquad (1-15)$$

式中，DE 为转移值与实际值的误差，其绝对值表示的是价值转移结果误差，该值越小，说明转移误差越小，通常情况下认为，平均误差在 20%～40% 范围内转移结果是可靠的。

(四)综合效益空间外溢性分析方法

综合效益空间外溢性分析方法主要是在综合指标法的基础上的一种分析方法。

目前，大多数研究者在分析研究防沙治沙综合效益的时候，仅根据各指标计算得出综合效益得分值，而忽略了空间上这些指标的相互影响。这种方法是在综合效益计算结果的基础上，探究各防沙治沙工程在空间层面上的影响关系。综合效益空间外溢性分析方法主要包括空间滞后模型、空间误差模型和空间杜宾模型。

1. 空间滞后模型

空间滞后模型(Spatial Lag Model，SLM)即空间自回归模型(Space Autoregressive Model，SAR)，它用于讨论某个区域是否存在扩散现象效应或溢出效应。在模型解释变量中，即一个区域中模型解释变量的部分值会因邻近地区中的被解释变量来决定。模型表达公式为：

$$y_{i,t} = \alpha + \rho \sum_{j=1}^{N} W_{i,j} Y_{j,t} + \beta X_{i,t} + c_i + \mu_t + \varepsilon_{i,t} \qquad (1-16)$$

式中：$Y_{j,t}$ 为空间效应，被解释变量；β 为解释变量 $X_{i,t}$ 的参数，ρ 为空间效应系数且与 $X_{i,t}$ 相关，用以说明被解释变量间的空间相关水平。在判断过程中，当空间效应系数大于 0 时，表示相邻空间在相互作用时，存在"溢出效应"。如果空间系数小于 0 则说明存在"竞争"或"扩散"的情况。W 是空间权重矩阵，权重矩阵的设定为 0 – 1 值，用以反映空间距离对区域行为的作用。

2. 空间误差模型

由于变量存在的复杂逻辑和政策变量的测量不准确，在模型建立过程中会忽略一些与因变量相关的变量，区域间的随机误差会影响空间溢出效应。空间误差模型（Spatial Error Model，SEM）反映的是空间随机扰动项与空间整体的相关性。由于类似于时间序列中的序列相关问题，故又称为空间自相关模型。模型表达公式为：

$$Y_{i,t} = \alpha + \beta X_{i,t} + c_i + \mu_t + \upsilon_{i,t} \qquad (1-17)$$

$$\upsilon_{i,t} = \lambda \sum_{j=1}^{N} W_{i,j} \upsilon_{j,t} + \varepsilon_{i,t} \qquad (1-18)$$

式中，$Y_{i,t}$ 是 $n \times 1$ 维的被解释变量，$X_{i,t}$ 是 $n \times 1$ 维的解释变量，β 是解释变量 $X_{i,t}$ 的待估参数，是空间自相关系数，其值表达的是相邻区域间的相互作用程度，$W_{i,j}$ 即是提前设置的 $n \times n$ 维的空间权重。

3. 空间杜宾模型

空间杜宾模型（Spatial Durbin Model，SDM）就是面板交互模型，是在空间滞后模型的基础上，加入了解释变量与被解释变量之间的空间相关性。其能够很好地说明解释变量与被解释变量的空间相关性问题，对于空间计量模型来说是一种更好的提升与完善。模型所采用的表达公式为：

$$Y_{i,t} = \alpha + \rho \sum_{j=1}^{N} W_{i,t} Y_{j,t} + \beta X_{i,t} + \theta \sum_{j=1}^{N} W_{i,j} X_{i,t} + c_i + \mu_t + \varepsilon_{i,t} \qquad (1-19)$$

式中，$Y_{i,t}$ 是 $n \times 1$ 维的被解释变量，$X_{i,t}$ 是 $n \times 1$ 维的解释变量，β 是解释变量 $X_{i,t}$ 的待估参数，$W_{i,j}$ 即是提前设置的 $n \times n$ 维的空间权重矩阵。

综合效益空间外溢性分析的计量模型的选择流程如图 1.2 所示。

（五）生态位适宜度评估模型

生态位是生态学的核心概念。根据哈钦森（Hutchinson）的定义，生态位是生物、非生物、环境等全部相互作用的总和，是一个生物生存条件的总体集合，它既体现了生物生存条件的空间性，又体现了生态系统的功能性（Hutchinson，1957）。生态位理论指出：生物一定范围内的生存和繁衍必然受到时间、空间、

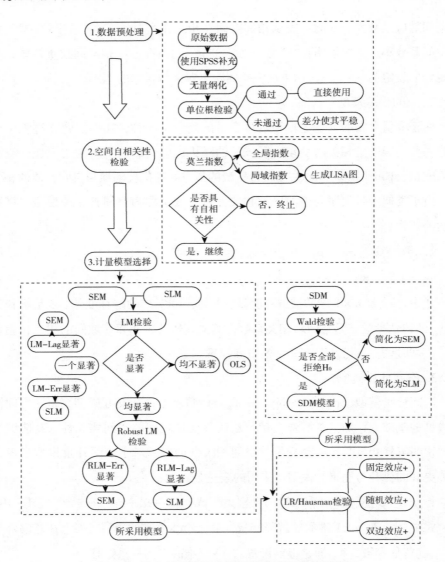

图1.2　综合效益空间外溢性计量模型选择流程图

营养、天敌等多维环境因素的制约，如果每个可度量的环境因素都作为 N 维空间的一个坐标给出，那么某种生物对其 N 维资源，如温度、湿度、气候、营养等诸多环境变量的选择范围，能够反映生态位适宜程度的变化规律（Limburg Karin et al.，2002）。因此，我们常常用生态位适宜度的概念量化研究一种系统与另一系统的贴近程度。

我国学者李自珍等人(1993)，将生物种(对生物的分类单位，纲目科属种)的生态位适宜度定义为"一个种居住地的现实生境条件与最适生境条件之间的贴近程度"，并在深入剖析生态位内涵的基础上，提出测度生态位适宜度的评估模型，用数学抽象方法来系统分析种群的最佳生态位与现实生态位之间的贴近程度，实现对生态位适宜度的量化研究。

在本研究中，主要采用生态位适宜度，研究在一定区域内，荒漠化防治工程对其在经济、社会、资源、环境等多方面产生综合影响的程度。

生态位适宜度评估模型为：

以某区域为研究对象，设 $X = \{x_1, x_2, \cdots, x_n\}$ 为与研究区域相关的量化指标，不同时刻的量化指标构成 n 维生态因子空间 E^n，则：

$$E^n = [X_i(t_j)]_{m \times n} = \begin{bmatrix} x_1(t_1) & x_2(t_1) & \cdots & x_n(t_1) \\ x_1(t_2) & x_2(t_2) & \cdots & x_n(t_n) \\ \vdots & \cdots & \vdots \\ x_1(t_m) & x_2(t_m) & \cdots & x_n(t_m) \end{bmatrix} \tag{1-20}$$

其中，$i = 1, 2, \cdots, n$；$j = 1, 2, \cdots, m$；$E = X_i = (x_1(t_j), x_2(t_j) \cdots \cdots x_n(t_j))$ 为 n 维生态因子空间 E^n 在 t_j 时刻的子集。

非负 n 元函数 $f(E) = f(X_i) = f(x_1(t_j), x_2(t_j) \cdots \cdots x_n(t_j))$ 表示 t_j 时刻下的研究对象生态位。

生态位适宜度的数学模型为：

$$F = \phi(X_0, X_i), \ X_0, \ X_i \in E^n \tag{1-21}$$

其中，$\phi(X_0, X_i)$ 为研究对象的生态位最适值 $X_0 = (x_1(a), x_2(a), \cdots, x_n(a))$ 与生态位实际值 $X_i = (x_1(t_j), x_2(t_j), \cdots, x_n(t_j))$ 接近程度的公式。

$\phi(X_0, X_i)$ 一般采用如下四种模型：

(1)加权平均模型

$$F(t_j) = \sum_{i=1}^n w_i \cdot min\left\{\frac{x_i(t_j)}{x_i(a)}, 1\right\} \tag{1-22}$$

式中，$F(t_j)$ 是 t_j 时刻研究对象的适宜度。$\omega_i(i = 1, 2, \cdots, n)$ 是各因子的权重系数，$\omega_i > 0$。$x_i(t_j)$ 是 t_j 时刻第 i 个生态因子生态位实际值。$x_i(a)$ 是第 i 个生态因子的生态位最适值。

（2）希尔伯脱空间模型

$$F(t_j) = \sqrt{\frac{1}{n} \cdot \left[\left(\frac{x_1(t_j)}{x_1(a)} \right)^2 + \left(\frac{x_2(t_j)}{x_2(a)} \right)^2 + \cdots + \left(\frac{x_i(t_j)}{x_i(a)} \right)^2 \right]} \qquad (1-23)$$

式（1-23）中各字母的含义同式（1-11），$F(t_j)$ 是 t_j 时刻研究对象的适宜度。$X_i(a)$ 是第 i 个生态因子的生态位最适值。

（3）限制因子模型

$$F_{min}(t_j) = min \left\{ \frac{x_1(t_j)}{x_1(a)}, \ \frac{x_2(t_j)}{x_2(a)}, \ \cdots, \ \frac{x_i(t_j)}{x_i(a)} \right\} \qquad (1-24)$$

式（1-24）中的各字母含义同上。

（4）灰色关联度模型

$$F(t_j) = \sum_{i=1}^{n} w_i \frac{min\{ \ | \ x'_i(t_j) - x'_i(a) \} + \varepsilon max\{ \ | \ x'_i(t_j) - x'_i(a) \ | \ \}}{| \ x'_i(t_j) - x'_i(a) \ | + \varepsilon max\{ \ | \ x'_i(t_j) - x'_i(a) \ | \ \}}$$

$$(1-25)$$

式中，$F(t_j)$ 是 t_j 时刻研究对象的适宜度。$x'_i(t_j)$ 与第 $x'_i(a)$（$i=1, 2, \cdots, n; j=1, 2, \cdots, m$）分别是 t_j 时刻下第 i 个生态因子生态位实际值和生态位最适值的无量纲化数值，$\omega_i(i=1, 2, \cdots, n)$ 是各生态因子的权重，$\omega_i > 0$，$\varepsilon(0 \leq \varepsilon \leq 1)$ 是模型参数，一般取值 0.5。

（六）其他方法

其他方法主要包括能值分析和虚拟变量回归分析等。

1. 能值分析

能值分析是由美国著名生态学家、系统能量先驱奥德姆（Odum H. T. ）创立，后经过长期的研究，发展起来的一种科学概念和度量、评价生态系统的一种方法。20 世纪 80 年代后期该方法才被普遍使用。奥德姆（1987）将能值定义为：一种流动或存储的能量所包含另一种类别能量的数量，称为该能量的能值。他还进一步解释能值为：产品或劳务形成过程中直接或间接投入应用的一种有效能总量，就是其所具有的能值（Odum H. T. , 2000）。在实际应用当中，由于自然界中任何能量均始于太阳能，因此，可以以太阳能为标准，衡量任何类别的能量（蓝盛芳等，2002）。太阳能值的单位为太阳能焦耳（solar emjoules，缩写为 sej）。

能值转换率是能值分析理论中比较重要的概念，能值转换率是每单位某种类别的能量（单位 J）或其他单位（g、＄ 等）所含的能值之量，是衡量能量等级的尺度。在生态系统中，能流一般都是从量多而能质低的等级（如太阳能）向量少而能质高的等级（如生物质能、电能）流动和转化。能值转换率随着能量等级的提高而增加，在能量系统中，一般等级较高者具有较大的能值转换率，需要输入较大的能量来维持，具有较高能质和较大控制能力，如人类劳动、科技文化资料、高级技术与设备等，都是高等级阶层的能量（蓝盛芳等，2002）。

能值分析是定量分析系统结构、功能与生态经济效益的研究方法之一，广泛应用于生态脆弱区生态系统的可持续评价。近年来，能值评价理论相关研究在国内外发展迅速，由于能值评价方法对于环境资源价值的考虑，该方法特别适用于分析同时涉及自然环境和人类经济活动的生态经济系统（Castellini C et al.，2012；Wilfart A et al.，2013）。

能值分析把生态系统及经济系统中不同种类的物质流、能量流、货币流转化为统一的能值指标来做分析和做比较，有效地使经济、生态、社会子系统有机结合起来，对正确分析人类与自然、环境及社会经济价值的相互关系，以及制定可持续发展战略有重要作用。自创立以来，能值理论被广泛应用于不同空间尺度、不同类型的生态系统中，其中研究的空间尺度大到国家或区域，小到城市、县域等，研究的对象涵盖了自然生态系统、农业系统、城市复合系统、海洋生态系统、矿区循环经济系统、工业系统、建筑业等多种类型生态系统，但有关半干旱荒漠区生态脆弱地带的生态经济系统的能值研究还相对薄弱（李双成等，2001）。

2. 虚拟变量回归分析

虚拟变量，是对定性事物的一种人工定量化的编码形式，能够将定类和定序引入回归分析。已有文献指出，回归分析与方差分析本质上是同一类统计方法，区别在于自变量的连续性和分类性之差，且回归分析在计算流程和解释力度上更具优越性（郭少阳等，2018）。因此，虚拟变量回归模型与方差分析的结论一致且更具有分析功效。在虚拟变量回归中，常数项系数表示基准水平下因变量的均值，因素效应项的系数表示相应水平下因变量均值与常数项之差（傅莺莺等，2019；陈崇双等，2018）。因此，就 m 个水平而言，则需要引入 $m-1$ 个虚拟变量, 一般虚拟变量回归分析模型在误差满足 $\varepsilon \sim N(0, \delta^2)$ 的情况下, 回归模型如下:

$$Y = \beta_0 + \beta_1 D_2 + \cdots + \beta_{m-1} D_m + \varepsilon$$

$$= \mu_1 + (\mu_2 - \mu_1) D_2 + \cdots + (\mu_m - \mu_{m-1}) D_m + \varepsilon \qquad (1-26)$$

式中: Y 为因变量, D_1, $\cdots$, D_m 为虚拟变量, β_0, $\cdots$, β_{m-1} 为回归系数, $\mu_m - \mu_{m-1}$ 表示因变量均值与常数项之差, ε 为误差项。

本研究采用虚拟变量回归分析对防沙治沙政策、经济发展阶段等进行回归分析。

第二章

文献综述

近年来，有关荒漠化研究的文献不少，但主要集中在荒漠化的防治和荒漠化逆转的机理探讨上，尤其对荒漠化防治采取的措施和自然因素引起荒漠化减少的研究较多，并对植被、植被覆盖度、植被与气候的变化等研究较多，而对荒漠化评估的研究较少，对毛乌素沙地荒漠化评估的研究更少。相关研究总结起来主要包括以下几个方面。

第一节　毛乌素沙地荒漠化变化过程的研究

一、有关沙地植被的研究

植被是地球重要的再生资源，对生态系统的能量平衡、水文和生态循环等起着重要作用，也是衡量气候和人文因素对环境影响的重要指标。因此，国内学者对毛乌素沙地植被进行了一系列的相关研究。

植被覆盖度测量研究。植被覆盖度可作为评价土地退化和沙漠化程度的参考指标，也是反映生态系统变化的重要指标。目前，植被覆盖度的测量方法有地表实测和遥感测量两种。地表实测是测量草地植被覆盖度的传统方法，按原理可分为3类，即采样法、仪器法和目估法（张云霞等，2003）。地表实测法主要依靠野外实地调查完成，需要消耗大量的人力物力，同时野外调研过程中人为确定的植被覆盖度也存在较多的不确定因素，影响测量结果。随着遥感技术的发展，出现了观测精度高的仪器，产生了很多新方法，主要分为经验模型法、植被指数法、亚像元分解法等(张云霞等,2003;刘广峰等,2007)。

植被覆盖度变化研究。目前遥感技术发展较快,多数学者采用遥感监测方法对毛乌素沙地植被覆盖度进行了分析,虽然方法和时间段的选取有所不同,但结论基本相似,都认为:随着时间的推移,毛乌素沙地植被覆盖度呈逐步增加趋势(刘静等,2009;闫峰等,2013;黄永诚等,2014;薛倩等,2016)。其中,卢中正等(2001)首先运用遥感 TM 影像数据对毛乌素沙地东缘进行植被覆盖度信息提取、面积计算,探讨了 11 年间该地区植被覆盖度变化情况,并评价了煤田开发对植被的影响。刘静等(2009)采用归一化植被指数(NDVI)和像元分解模型对毛乌素沙地从 1990 年到 2007 年 17 年间植被的覆盖度变化情况进行了分析,得出毛乌素沙地植被覆盖总体呈良性转移趋势。成军峰等(2009)以毛乌素南部地区为研究区域,选取三个时间节点的 Landsat 卫星遥感数据,计算其植被覆盖度值,并根据荒漠化程度对其进行分类。周淑琴等(2013)以 1991 年、1999 年和 2007 年 TM/ETM + 影像为数据源,利用 RS 和 GIS 技术提取毛乌素沙地南缘植被覆盖度信息,将其按地貌分区,计算景观格局指数,分析植被景观格局变化特征。闫峰等(2013)采用 2000—2011 年的数据对毛乌素沙地植被生长状况进行研究,得到植被生长状况以轻度和中度波动改善为主,2001 年最差,2010 年最好。黄永诚等(2014)基于 2000 年、2005 年、2010 年三期的 Landsat 数据,得出近 10 年来毛乌素沙地植被覆盖度呈逐步增加趋势,西北部和东南部增加尤为明显。薛倩等(2016)以乌审旗为例,基于 2000 年、2007 年和 2014 年的 Landsat 遥感影像数据,得出 2000 年该区域植被覆盖度极低,2007 年有所增加,到 2014 年植被覆盖度显著提高。

毛乌素沙地植被与气候变化研究。毛乌素沙地地处夏季风边缘与农牧交错地带,该地区气候与植被动态一直是学术界研究的重点。大多数学者认为毛乌素沙地植被覆盖变化与气候变化有密切关系,伴随着气候变化,毛乌素沙地的植被在荒漠草原、典型草原与森林草原间转化(王立新等,2010;雷雅凯等,2012)。但是也有学者认为毛乌素沙地植被覆盖度对气候的响应是动态变化,如 2000—2005 年,毛乌素沙地气候对其植被变化影响较大,2005—2007 年,毛乌素沙地气候对其植被覆盖变化也有影响,但较之前减弱,2007—2010 年,毛乌素沙地气候对其植被覆盖变化影响较小,其植被覆盖变化主要受政策、人为活动影响（罗娟等，2014）。胡永宁（2012）以地处毛乌素沙地腹地的乌审旗为研究对象，筛选出适宜当地的气候因子，采用空间化插值方法并分析其年际变化的周期性振荡特征，具体采用一维 Morlet 复值小波变换对毛乌素沙地腹地 1960—2009 年气候变化的时间尺度特征进行了分析，系统地研究毛乌素沙地景观、植被格局空间异质性及其对不同时空尺度下气候、地形因子的响应。冯颖（2015）利用遥感和 GIS 空间信息分析技术，利用差值法和趋势分析法研究了 2000—2013 年毛乌素沙地植被覆盖度的变化过程，探讨毛乌素沙地植被覆盖度的变化特征对气候变化的响应，得出降水与毛乌素地区植被变化关系最为密切。郭紫晨等（2018）利用 2000—2015 年 MODIS13Q1 NDVI 产品、年平均气温、年降水量数据，采用回归分析方法和显著性检验，对毛乌素沙区植被覆盖度变化趋势及其对气温、降水变化的响应进行了分析研究，得出了毛乌素沙区植被覆盖度总体由东向西呈减少趋势、植被覆盖度总体呈增加趋势、植被覆盖度对气温和降水响应的敏感性存在空间差异等结论。朱娅坤等（2018）利用归一化差值植被指数（NDVI）时间序列数据，分析毛乌素沙地植被物候，时间变化和空间特征，并利用偏相关性分析法确定其与气象因子，如气温和降水量的关系，认为毛乌素沙地植被物候特征发生了明显变化，主要体现在生长季的提前和延长。曹艳萍等（2019）基于 MODIS EVI 植被指数，分析 2001—2016 年毛乌素沙地生长季和非生长季的植被生长状况，并讨论植被生长与气候变化、人类活动的关系，得出毛乌素沙地 EVI 年最大值与降水呈正相关，与气温呈弱负相关；EVI 年最小值与降水呈强正相关，与气温呈弱正相关。

二、沙地荒漠化过程研究

沙地气候变化研究。毛乌素沙地地处多层次生态地理景观过渡带，拥有丰富的自然及人文资源，研究该生态脆弱区极端气温变化，有利于揭示全球气温变化与局地气温响应之间的复杂关系。孙安健等（1992）依据近 40 年的气象资料，较早研究了毛乌素地区沙漠化进程中有关因子的气候演变趋势。刘登伟等学者针对毛乌素地区气候变化的时空特征（刘登伟等，2003；杨永梅等，2007；何彤慧，2009；刘宇峰，2016）、影响因素（刘年丰等，2001；鲁瑞洁等，2010；柳苗苗，2018），以及与全球气候变化的内在联系（徐小玲等，2004；舒培仙等，

2016)等进行了相关研究。雷雅凯等（2012）从古文文献及考古发掘等方面探讨了毛乌素沙地历史时期气候与植被的关系，得出全新世以来，毛乌素沙地的气候经历了多次较大的干湿交替，历史上几个湿润期分别是 10.0kaBP 前后、8.5～5.0kaBP 期间、3.5kaBP 前后、2.5kaBP 前后和 1.5～1.0kaBP 期间。李如意等（2016）对毛乌素沙地 1960—2013 年的极端气温变化进行了研究，发现毛乌素沙地极端气温在空间上表现出不同的变化特点，东北方向（榆林及鄂托克旗）冷指数呈现大幅减少，西南方向（横山及盐池）暖指数呈现大幅增加，并预测未来毛乌素沙地极端气温仍将呈现冷指数下降、暖指数上升的变化趋势。李想等（2019）选取沙地东缘风成砂/古土壤/湖沼相沉积序列，以常量化学元素含量及比值变化揭示了毛乌素沙地全新世的气候变化情况。而韩瑞（2019）则从粒度和磁化率的角度，通过对毛乌素沙地东缘大柳塔剖面地层沉积物粒度及磁化率特征的分析，结合光释光测年结果，探讨了毛乌素沙地全新世气候变化。刘荔昀等（2019）以毛乌素沙漠 4 个全新世风成砂—古土壤剖面为研究对象，对沉积物色度变化进行分析，并以此将毛乌素沙漠全新世以来的气候演变划分为四个阶段。

沙地荒漠化及土地利用研究。作为我国四大沙地之一的毛乌素沙地，基质脆弱，土壤结构疏松而欠发育，地表植被稀疏矮小、群落结构简单，地表水稀少且不稳定为地表起沙提供了条件，即生态系统脆弱性。其脆弱性的主要表现就是脆弱的生态系统在气候干旱和人类不合理活动的胁迫下，导致沙漠化的发生和发展。吴徵（2001）根据野外考察、应用遥感和地理信息系统技术对毛乌素沙地进行动态研究表明，进入 20 世纪 80 年代以后，毛乌素沙地总体上是处于逆转过程中，已有近 9460km² 的沙漠化土地得到了治理，这主要得益于"三北"防护林工程的实施和当地政府与干部群众积极开展沙漠化防治的努力。杨思全等（2005）基于 TM 遥感影像，应用 RS 与 GIS 技术，在对 20 世纪 80 年代末到 20 世纪 90 年代末毛乌素沙地土地沙漠化演变与土地利用变化过程反演的基础上，从时空耦合的角度，对毛乌素沙地土地沙漠化演变与土地利用变化之间的关系进行了耦合关联分析，研究结果显示，毛乌素土地沙漠化与土地利用变化之间具有较强的关联关系，而且这种关联性具有较为明显的区域差异性。郝成元等（2005）认为 20 世纪 80 年代中期和 20 世纪 90 年代末相比，毛乌素沙漠化土地总面积略有增加，总体趋于稳定，但沙漠化程度加重，主要原因之一就是人类不合理的土地利用方式。但郭坚等（2008）认为 1977 年到 2005 年近 30 年以来毛乌素沙地及周边地区轻度、中度、重度沙漠化土地面积均呈持续下降趋势，且轻度沙漠化土地面积减少最快，总沙漠化土地面积在 1986—2000 年减少最快，研究区沙漠化土地处于全面逆转阶段。马玉芳（2008）选取内蒙古毛乌素沙地 131 个农户为研究对象，综合考虑农户经济行为面对的资源禀赋、政策环境、市场因素等，探讨分析该地区农户土地开垦、畜牧业生产和薪柴利用等行为及相关因素与荒漠化之间的内在逻辑关系，并提出了遏制荒漠化、实现土地可持续利用的建议。20 世纪 50 年代以来，区域沙漠化经历了迅速发展到稳定逆转的过程，人地关系协调性是沙漠化发展或逆转的主要原因（王涛等，2011）。

沙漠化土地防治区划研究。沙漠化土地防治区划是进行沙漠化土地防治的重要环节，一些学者已经在不同尺度上开展了方法的研究和实践。郝高建等（2003）在总结毛乌素地区沙漠化防治过程中的主要问题的基础上，从资金运营、政策激励、法治约束、管理激励、技术支持等方面提出了应对措施，为毛乌素地区荒漠化防治提供了参考。徐小玲等（2004）运用可持续发展理论，分析研究毛乌素沙地的脆弱性特征，提出通过实施生态脱贫战略，因地制宜的防治沙漠化，改善生态环境和发展生态经济，采取切实有效的措施，使生态建设与脱贫致富和经济开发同步进行，逐步实现该区的可持续发展。王涛等（2005）根据沙漠化土地形成的发展历史和过程、趋势以及防治途径和利用方向等，将中国北方沙漠化土地划分为 4 个大区 22 个小区。董雯等（2006）根据毛乌素沙地形成的特殊成因进行了分析，提出了治理毛乌素沙地的新思路，即除植树种草之外，更要注意以利用该区以南丰富的黄土物质改良沙地。对于毛乌素沙区，一些大尺度的规划也给出了较为明确的定位，如半干旱草原地带及荒漠草原地带沙漠化发展区、鄂尔多斯中部及西部中度沙漠化土地稳定发展区和陕北长城沿线及宁夏东南部中度沙漠化土地稳定逆转区、呼包鄂榆重点开发区（樊杰，2015）。赵媛媛等（2017）将毛乌素沙区划分为黄土高原与鄂尔多斯高原过渡区、毛乌素沙地腹地典型草原区和西鄂尔多斯荒漠草原区 3 个区、7 个亚区、12 个小区，并进行沙漠化土地防治研究，在此基础上，针对各区提出合适的防治规划方案。

第二节　防沙治沙综合效益评价的研究

一、综合效益评价的理论

综合效益评价以社会环境系统协调发展为目的，用完全成本取代传统成本，并用综合效益取代传统的货币效益，才能真正使相关产业直接效益与直接成本、社会效益与社会成本相一致，从而客观准确地反映各产业经济活动，弥补市场评价的不足，保证社会资源配置的合理化。综合效益评价的基本特征是综合性、连续性、相关性、多样性、后效性和流动性。综合效益评价是一个较为复杂的综合分析、评判过程，涉及的因子多、范围广，遵循综合性和主导性两个原则。

效益评价最重要的就是构建一套能客观、准确、全面并定量化反映治理效果的评价指标或指标体系。我国在荒漠化防治工程综合效益评价中一般采用水土保持效益的方法和理论，进行投资计算、年运行费计算，以及经济效益、社会效益和生态效益的计算。

在评价指标及指标体系的设置上，有学者从生态、经济和社会三个子系统的结构和功能考虑，提出30多个评价指标，还从评价方法的角度提出了效益衡量指标、分析指标和目的指标共24个，对效益评价进行了系统、详尽的研究。许伟（2006）以北京典型风沙危害区为研究对象，从景观动态及驱动力的角度构建了生态效益、经济效益、社会效益三个维度的综合效益评价体系。杨俊杰（2006）则以防沙治沙工程效益评估为切入点，构建了包含15项具体指标的荒漠化防治综合效益评价体系。也有学者认为应对农田、水域、大气、山地和人群社会等5个子系统建立评价指标体系。也有一些学者提出了社会效益、经济效益和生态效益三大类指标，其中社会效益包括人口自然增长率、人均粮食产量、水果产量、木材可采伐量和社会总产值等指标，经济效益包括国民收入、农业总产值、人均农业纯收入、农业劳动生产率等指标，生态效益包括森林覆盖率、沙地治理率和农牧用地比例等指标。也有一些学者将指标体系分为生态效益、经济效益、社会效益和综合效益四大类，前三大类所包括的具体指标与其他人的研究成果基本相同，第四类指标则增加了资金投入产出比、投资回收期、收入增长率、能量产投比等指标。

另外，对综合效益评价的研究主要源于对荒漠化防治工程或生态工程效益的评价研究。荒漠化防治或荒漠化治理工程作为生态工程的一个分支，是随着生态工程的发展而逐渐兴起的。国外大型荒漠化治理工程的实践则始于1934年的美国"罗斯福工程"（刘勇，2006）。19世纪后期，不少国家由于过度放牧和开垦等原因，生态环境不断恶化，各种自然灾害频繁发生。20世纪以来，许多国家开始关注生态建设，先后实施了一批规模和投入巨大的荒漠化防治工程，其中影响较大的有美国的"罗斯福工程"（李世东，2000），苏联的"斯大林改造大自然计划"，加拿大的"绿色计划"，日本的"治山计划"，北非五国的"绿色坝工程"，法国的"林业生态工程"，菲律宾的"全国植树造林计划"等（关百钧，1994；李世东，1999）。这些大型工程都为各国的生态环境建设起到了至关重要的作用。苏联自20世纪50年代起就采用了一系列效果评估法对森林的水源涵养和水文调节功能、防护林的防护效能做出了经济评价（Roger，1988）。美国的M. 格劳森（M. Clauson）于20世纪60年代提出关于研究"市郊森林游憩价值的方法"（Bo hind P，Hunbammar S，1999）。日本对全国森林进行公益效能的计量和研究，对涵养水源效能，以森林土壤的非毛细管孔隙度为基础进行计算；对防止泥沙流失，以有林地和无林地地表侵蚀沙量的差进行计量；在保护野生动植物效能的计算方面，以调查资料求得各类森林中的每公顷鸟类栖息数，根据鸟类的食虫量，以此计算所减轻的虫害防治和因虫害造成的林木的损失量；在计算供给 O_2 和净化大气效能的评估方面，日本根据森林吸收 CO_2 和释放 O_2 的量进行评估；在森林保健游憩效能的评价方面，日本主要以森林游憩的交通、食宿等为基础进行评价；在森林消除噪声的评价方面，日本主要根据对林带减弱噪声效能的实测结果进行评价（M. Proan，史玉玲译，1983）。此外，德国、印度、菲律宾、罗马尼亚、南非都有资源、环境效益评价方面的相关研究。研究的方法，综合效益评价的指标、内容等基本与苏联、日本等国相同，评价的理论依据也主要为效用价值理论（张庆等，2007）。

二、综合效益评价的主要方法

目前，国内外学者对防沙治沙工程综合效益评价方法主要分为单一评价方法和组合评价方法（徐孝庆等，1992）。

单一评价方法主要有德尔菲法、综合指数法、功效系数法、主成分分析法、因子分析法、优劣解距离法、密切值法、灰色关联度分析法、熵权法、层次分析法、数据包络分析法、模糊综合评价法、人工神经网络评价法等。总体来看，单一评价方法可以归为以下类别：定性评价方法、常规定量评价方法、多元统计评价方法、多属性决策方法、灰色系统理论方法、信息论评价方法、运筹学评价方法、模糊数学评价方法以及智能化评价方法等。不同的评价方法具有不同的特点，单一评价方法反映的是评价对象的不同侧面，常常使评价结果存在一定的差异。

为了弥补单一评价方法的不足，很多学者将多种评价方法所得效益评价结果予以结合，这种综合的方法称为组合评价技术。这种方法得出的结果与单一评价方法相比，显得更加客观、合理。目前，国内对组合评价的研究主要集中在单一评价方法结果的组合、权重的组合。组合评价的事前事后检验、系统模拟和仿真评价等方面。佟磊（2004）根据最优化理论和杰恩斯（Jaynes）最大熵原理，将熵和线性组合方法结合，提出了基于熵的线性组合评价法。刘丽等（2004）利用遗传算法优化各评价方法的权重，使组合方法更符合实际。陈其坤等（2005）提出将粗糙集和模糊聚类两种方法有机结合起来，使指标的赋权达到主观和客观的统一，使评价结果相对客观、真实、有效。周伟萍等（2007）提出了一种基于综合评价方法属性层次的组合评价法，在误差平方和期望最小准则下构造最优化模型，并将差异度引进事后检验。俞立平（2009）提出了一种新的组合评价方法——共性数据排序选择模型，解决评价结果不一致的问题。张发明（2011）针对组合评价的不足，提出了偏差熵的思想，并在此基础上提出了基于偏差熵的组合评价方法，该方法在减小偏差的同时也考虑了相容方法集本身的相容质量问题。李珠瑞等（2013）根据离差最大化思想提出了一种基于离差最大化的组合评价方法，并通过实例证明该方法比模糊 Borda 组合法误差更小，有效性更强。朱海娟（2015）在构建传统三大评价指标体系的基础上将生态系统的耦合效应作为荒漠化治理效益评价的一部分，在注重综合效益提高的同时，还注重生态系统和社会经济子系统的协调发展，使评价内容更加全面。总之，随着科技和人们对荒漠化认识的不断加深，组合评价方法也在不断完善和发展之中。

对防沙治沙工程综合效益评价最初源于对森林生态效益的评价(Li et al., 2014)。国外对于森林生态效益评价的研究起始于20世纪80年代，早期的森林生态效益计量以定性描述为主，后期随着研究的逐渐深入，经过不同学者的不断探索努力，评价的方法也不断丰富、完善。一般来说，目前，森林生态效益评价方法可以归纳为以下几种(Perrings C. et al., 1992)：

(1)直接市场评估法

直接市场评估法适用于具有实际市场交易的生态系统服务或资源价值的评估。评估中，往往以资源或相关服务的市场价格作为资源或生态系统服务的经济价值，例如资源或生态系统提供的食品、原材料等，可以通过它们的市场交易价值来反映资源或生态系统服务的价值。具体评价方法包括市场价值法(DMP)、生态服务支出法(PES)和要素所得/生产函数法(FI/PF)等。

(2)替代市场评估法

替代市场评估法适用于那些没有实际市场交易但存在替代品市场交易的资源或生态系统服务类型的综合效益的评价。通过计算并利用一定技术手段获得与某种资源或生态系统服务相同结果时所产生的费用，间接地评估资源或生态系统服务价值。具体包括机会成本法(OC)、旅行费用法(TC)、影子工程法(SP)、恢复和防护费用法(MC/RC)、享乐价格法(HP)等。

(3)假想市场评估法

假想市场评估法适用于没有实际交易市场和替代品市场的资源或生态系统服务的价值评估。评估中，一般采用人为假想的市场来评估资源或生态系统服务的价值。条件价值法(CVM)是假想市场评估法的具体实现方式，通过调查人们对于某种资源或生态系统服务的支付意愿来估算其经济价值。

以森林生态效益价值评价为例，森林生态效益价值评价具有以下特点：第一，能够使森林生态效益的各单项指标量纲统一，并能够加总，能够评价森林生态综合效益；第二，运用价值量评价方法评价资源或生态系统服务的价值大小，并能够引起人们对生态环境的重视，促进人们对资源环境的持续利用；第三，生态效益的价值评价是综合资源环境经济核算的基础，相关价值评价的结果能够纳入国民经济核算体系，反映经济发展对资源环境的消耗是多少，并实现绿色 GDP 的核算。因此，世界一些国家如美国、加拿大、苏联、德国、日本等对森林生态效益的研究非常重视，国外的森林生态效益价值评价研究主要以案例研究为主，所采用的方法主要为市场价值法等（Munasing，1992）。最早系统研究森林生态效益价值评价的是 1978 年日本林业厅，他们利用数量化理论多变量解析方法对日本全国 7 种类型的森林生态效益进行了经济价值的评估，其价值为 910 亿美元。对于水源涵养效益的评估，林野厅用土壤非毛管空隙度中储存的水量减去森林的蒸发量得到的差值作为森林涵养水量来进行评估；对于森林保土效益的价值评估，主要用有林地和无林地土壤侵蚀量的差值来计量，并用修筑堤坝的费用为价格进行经济评价（杨惠民，1982）。喀麦隆对热带雨林的效益计量约为 60 亿美元，其中，热带雨林的保护水域和土壤等的效益占 68%。1960 年，美国国会就通过了多种效益法案，他们利用遥感技术和地理信息系统技术，以空间数据为基础建立水文模型对森林环境进行评价（高素萍等，2002）。

科斯坦萨（Costanza）等 13 位美国科学家对全球生态系统服务功能与自然资本的价值进行了估算，他们估计全球生态系统服务每年的总价值在 16 万亿~54 万亿美元，平均每年提供的服务为 33 万亿美元左右，该数字是目前全球 GNP 的 1.8 倍（CostanzaR.，1997）。

此外，韩国、印度、南非等国都在森林资源效益研究方面做了一些工作。韩国采用费用支出法和条件价值法对森林净化大气、涵养水源、防止泥石流和保护野生动物等效益做了评价。印度采用资产价值法、机会成本法和费用支出法对森林释氧、防止土壤侵蚀、保持土壤肥力、动植物的栖息地和保护、控制空气污染等效用进行了价值计算。这些评价为后来的资源或生态系统服务的价值评价和综合效益评估等提供了重要的参考资料。

三、综合效益评价存在的问题

从目前的研究来看，防沙治沙工程综合效益的单项效益评价研究较多，综合效益研究较少，单项措施和因子分析较多，系统性分析不多。目前，存在的主要问题如下。

（一）研究内容不够全面

防沙治沙效益评价研究是一个系统性的工程，目前只注重单一因素变化，治理措施的研究不够全面，忽略了治理区域内人口、自然资源、环境和社会经济政策之间的协调关系。应改变以往注重单一自然要素变化规律的效益分析，从全面考察治理区域内生态效益、社会效益、经济效益，以及社会经济子系统和生态系统的耦合关系方面着手，进行全面、系统的评价研究。

（二）评价指标体系规范化问题

目前，对三大效益评价指标的选择，仍然缺少理论规范和标准体系，无法进行比较。尤其在对综合效益进行评价时，一些指标的选取很随意、片面，缺少可比性，往往造成评价结果的不科学，对实际的工程项目的指导作用不大。因此，评价指标体系构建规范化是防沙治沙工程效益评价的关键问题，也是目前迫切需要解决的问题。

（三）可比性问题

对同一治理区域内不同时间段的治理效果的比较，和不同治理区域之间的综合治理效果进行纵向和横向的对比，都需要评价指标和评价方法的规范化。另外，在评价数据的监测、收集、处理上也需要规范化，并对评价参数、模型的选择也应有明确的规范性，以便有关评价结果具有可比性，真正发挥综合效益评价对决策的参考作用。

综合效益评价是一项复杂的系统工程，在评价过程中，也应考虑各个子系统之间的协调关系。不能仅仅给出不同子系统的价值大小，而忽视它们之间的协调关系。如果各个子系统之间处于无序发展状态，即使综合效益提高，对于整个系统的发展也是无益的。所以，在以后的研究过程中，也应该注重不同子系统之间的协调关系，并且应该将各子系统的耦合状态作为效益评价的一部分，这样综合效益评价的内容才更全面，结果也更客观。

第三章

毛乌素沙地自然条件和社会经济发展概况

毛乌素沙地是中国四大沙地之一，处于黄土高原与鄂尔多斯台地的过渡地带，位于北纬 37°27.5′~39°22.5′，东经 107°20′~111°30′。沙地总面积为 9.2 万 km²，其中沙地面积约 6.4 万 km²，约占全国沙化土地面积的 3.7%。毛乌素沙地包括内蒙古自治区的伊金霍洛旗、乌审旗、鄂托克旗、鄂托克前旗，陕西省的定边县、榆林市、神木县、靖边县、横山县及宁夏回族自治区的灵武市、盐池县 11 个县(旗)市。毛乌素沙地是我国沙漠化严重发展的典型地区之一(王涛等，2014)。多年来，多项防沙治沙工程的实施有效推进了毛乌素沙地植被的恢复、林草面积的增加以及沙化土地面积的减少，在荒漠化防治上取得了阶段性的成功。

第一节　毛乌素沙地自然条件

一、地质地貌

毛乌素沙地主要地貌类型以"硬梁""软梁""滩地""丘陵"及河谷为主。沙地西北部包括鄂尔多斯中西部高地向东南延伸出来的梁地，其海拔约 1600m，向东南延伸至乌审旗的梁地海拔多在 1300~1500m；滩地为自西北向东南倾斜平行的湖积冲积平原；沙是该区域"地带性"基质，它广泛分布在各类梁、丘、滩地以及河谷中，占全区面积的 75% 以上；固定和半固定沙丘及梁滩面上的薄层起伏的平沙地是毛乌素山地最典型的景观。

二、气候条件

毛乌素沙地年均气温在 6.0 ~ 8.5℃，最冷月份平均气温在 - 9.5 ~ - 12℃，最热月份 7 月大体平均气温为 22 ~ 24℃。多年降水量为 250 ~ 440mm，西北部降水量为 250 ~ 300mm(闫峰等，2013)。全年蒸发量为 1800 ~ 2500mm。毛乌素沙地无霜期长达 130 ~ 160 天。按照热量条件，毛乌素沙地可分为北中温带和南中温带地区，沙地大部分属于北中温带地区。由于该地区降水较多，有利于植物生长，原是畜牧业比较发达地区，固定和半固定沙丘的面积较大。

三、土壤和水文条件

毛乌素沙地的土壤反映出过渡性特点，向西北过渡为棕钙土半荒漠地带，向西南到盐池一带过渡为灰钙土半荒漠地带，向东南过渡为黄土高原暖温带灰褐土森林草原地带(闫峰等，2013)。

毛乌素沙地地表径流量达 14 亿 m³，靠近陕北的东南部有若干河流汇入黄河，主要有无定河、秃尾河、窟野河等。据统计，可利用的水量约 4 亿 m³，内陆河以定边境内的八里河和神木境内注入红碱淖尔的蟒盖河、齐盖素河、尔林兔河、前庙河为代表。内陆河多年平均径流量为 1.05 亿 m³。毛乌素沙地与全国其他沙地相比，水分条件良好，水资源丰富是其突出的特点之一。

四、植被条件

毛乌素沙地植被大致可划分为 3 个亚带和 3 大类群，从植被地带上讲，沙地的西北部边缘具有荒漠化草原向草原化荒漠过渡的特征，而沙地的中部和东部的大部分地区则属于典型草原地带，其东南边缘则具有典型草原向森林草原过渡的特征。植被类型可分为梁地草原与灌丛植被、沙地(固定、半固定沙丘与沙地)沙生植被和滩地草甸、盐生及沼泽植被。

在未覆沙的梁地上主要分布着反映地带性的典型草原群落，如长芒草(Stipa bungeana)、短花针茅(S. breviflara)等真旱生植物。在沙地西部的荒漠化草原亚带的梁地上分布着几种荒漠草原群系和超旱生小灌丛，主要有隔壁针茅(Stipa gobica)、沙生针茅(S. glareosa)、冷蒿(Astermisia frigida)、狭叶锦鸡儿(Caragana stenophylla Pojark）等。在沙区的西南部定边、盐池和鄂托克旗的低缓梁地间或黄土分布区分布着甘草（Glycyrrhiza uralensis Fisch）群系。

沙生植被是毛乌素沙地植被构成的主体，其分布面积最大，尤其是油蒿（Artemisia ordosica）群落分布最广。沙生植物群落还包括：分布在半固定半流动沙丘上的籽蒿（A. sphaerocephala）、沙竹（Psammochloa villosa）群落，分布在毛乌素南部半固定和波状起伏固定沙丘上的羊柴（Hedysarum leave）群落，分布在覆沙软梁的柠条锦鸡儿（Caragana Korshinskii Kom）群落等。

除了沙生植被以外，分布在滩地和河谷地带的草甸植被是毛乌素沙地占地面积最广的隐域植被。其中有较大面积分布的有苔草（Carex stenophylla）草甸、碱茅（Peccinellia distans）草甸、芨芨草（Achnatherum splendens）草甸等。在沙地的西南定边和盐池一带的盐渍土上分布着碱蓬（Suaeda glauca）、盐爪爪（Kalidium foliatum）、白刺（Nitraria tangutorum）等为主的盐生植被。

第二节　毛乌素沙地社会经济条件

毛乌素沙地跨越 3 个省区的 11 个县（旗）市，137 个乡镇，人口密度达 33人/km²，是我国沙漠地区人口最多的地区，2016 年全区实现国民经济总产值4201.83 亿元。全区土地总面积 9.32 万 km²①，其中耕地面积 43.58 万 hm²，占土地总面积的 4.68%（表 3.1）。耕地中以雨养旱地为主，主要分布在河谷阶地、滩地和半固定沙地上，作物以秋粮为主。整个沙地有林地面积为 101.64 万 hm²，占土地总面积的 10.91% 左右。飞播造林在该区域取得成功，但需加强生态管理，防止人工植被的退化。

与全国其他沙漠或沙地相比，毛乌素沙地属于经济相对发达的地区，它是我国重要的能源基地，能源资源以煤炭、天然气生产著称。丰富优质的地下水资源为该区农牧业发展提供了良好的条件，但是由于人的经济活动的过度干扰，

---

① 根据王涛等人的研究，毛乌素沙地的土地总面积为 9.2 万 km²（王涛等，2014），见前面内容。

本区的生态退化十分严重，生态环境恢复和重建已成为重要的任务。

表 3.1　2016 年毛乌素沙地社会经济情况

序号	省(市)	县(旗)	人口(万人)	面积(km²)	下辖乡镇数量(个)	地区总产值(GDP/亿元)
1	内蒙古鄂尔多斯	鄂托克旗	16	20064	6	453.5
2		鄂托克前旗	7.8	12318	4	140
3		乌审旗	11.34	11645	6	412.46
4		伊金霍洛旗	20.78	5600	7	681.42
5	陕西榆林	神木县[(1)]	42	7481	15	904.8
6		榆阳区	55	6797	28	556.72
7		横山区	37	4299	18	121.16
8		靖边县	34	4975	17	244.94
9		定边县	35.21	6821	19	230.03
10	宁夏吴忠	盐池县	17.02	8522.2	9	72.2
11	宁夏灵武	灵武市	29.1	4639	8	384.6
		小计	305.25	93161.2[(2)]	137	4201.83

注：(1)神木县，2017 年 4 月 10 日撤县设市，由陕西省榆林市代管；(2)根据王涛等人的研究，毛乌素沙地的土地总面积为 9.2 万 km²(王涛等，2014)。

数据来源：2016 年各县(旗)统计公报。

第三节　毛乌素沙地沙漠化成因及生态环境

一、沙地沙漠化成因

根据朱震达等人的研究，毛乌素沙地沙漠化是在自然环境变化的基础之上，主要由于人类过度利用自然资源导致的(朱震达、刘恕，1980)。联合国对 45 个沙漠化地区做了调查研究，结果表明，自然因素占主导过程的沙漠化地区占 13%，其余的 87% 均为不当的人为活动造成的沙漠化区域(朱震达，1979)。沙漠化的成因主要包括人口数量的大幅增加及自然资源的不合理开发利用而带来的过度放牧、乱砍滥伐、不合理耕作、水资源不合理利用等。杨秀春、杨永梅等认为人为活动与沙漠化正向、逆向发展具有同步性（杨秀春等，2008）。闫峰、吴波等认为在几十年的时间范围内，沙漠化的正向发展主要是由于人为活动导致的。人为因素主要包括人口增长、政策推行及社会经济活动三个方面，会直接影响地表覆盖物的时空分布，进而影响沙地整体的分布状况和人口数量，从20世纪60年代末开始毛乌素沙地包含行政区的人口总体呈不断增加的趋势，到20世纪70年代末期，人口密度已经达到并且开始超过半干旱区（20人/km²）和干旱区（7人/km²）国际人口密度的允许界限。人口数量和人口密度的增加必然伴随着土地承载力超负荷、樵采过度等问题，进而促进了沙漠化的正向发展（闫峰、吴波，2013）。在毛乌素沙地范围内，目前还存在不合理的社会经济活动，主要存在不合理的农牧开发、乱采滥伐以及不合理的采矿等，这些不合理的人为活动会直接导致植被受到破坏，进而使得植被覆盖率降低。以采矿为例，不合理的开采活动使得毛乌素沙地出现地面塌陷、地下水位下降、地下水污染、滑坡、岩崩及矿渣矸石堆放占地等各种问题，并使矿区植被大面积退化、生态环境恶化（杨秀春等，2008）。另外，20世纪70年代末"三北"防护林建设，20世纪80年代初开始实施包地到户政策，20世纪80年代后期到20世纪90年代中期毛乌素沙地先后开展了大面积的飞播造林工程、退耕还林工程，制定地方"禁牧、休牧、轮牧"等政策，这些生态治理工程及政策，一方面引起野生山羊数量的下降；另一方面引起人工饲养的绵羊和猪的数量的增加，一定程度上对毛乌素沙地牧区草场的放牧压力起到了缓解作用，但却引起在相当长时期内野生动物数量的下降（朱海娟，2015）。目前，毛乌素沙地植被正在恢复，生态环境也逐步好转。王博等人的研究表明，在退耕还林政策实施之后，毛乌素沙地各种植被的群落盖度、重要指示植物、生物量、植物多样性明显增加，生态环境整体趋于稳定（王博等，2007）。

二、沙地生态环境

目前，毛乌素沙地所属行政区域的人口平均密度已有所上升，属于人口密度较大的沙区。与国内其他沙漠沙地相比，该区经济较为发达，有丰富的煤炭资源、天然气资源和水资源，并且交通十分便利。目前，植被覆盖率大幅度提高，沙漠化正处于逆转阶段，生态环境逐渐好转，但是，毛乌素沙地属于重要的能源基地，还需加强生态管理，防止人工植被退化。与全国其他沙地一样，人口在毛乌素沙地内分布不均匀。以毛乌素沙地东北的石窑湾村为例，人口密度为 102 人／km²，远超过人口密度允许界限。全村人均耕地面积不足，人地矛盾突出。全村植被覆盖率从新中国成立初期的 3% 提高到目前的 75.92%。虽然全村生态环境好转，但是整个生态系统还未达到平衡，还需加强生态管理，以有效途径缓和人地矛盾。过去荒漠化问题加剧，导致越来越多的农田、草地等土地面积被埋没，带来生态环境的持续恶化和土地生产力的持续下降，且荒漠化带来的"蝴蝶效应"导致恶劣天气和自然灾害频发，严重影响了当地居民的生活水平和经济发展，这也是毛乌素沙地生态治理应吸取的教训（国家林业局，2016）。

　　总之，从自然条件、社会经济发展和生态环境演变三个方面对毛乌素沙地的现状进行阐述，可以看出该区在地理位置和气候条件上存在先天的劣势，但是经济水平的不断发展为生态环境的改善提供了经济基础。同时对近年来生态环境演变的原因进行剖析，能够为后期毛乌素沙地生态环境的进一步治理等提供方向和参考。

第四章

盐池县防沙治沙综合效益评估

从本章开始对毛乌素沙地四个样点地 1990—2015 年防沙治沙工程综合效益进行评估，并对毛乌素沙地防沙治沙工程综合效益进行评估，以便进一步加强毛乌素沙地生态治理，促进当地生态环境和社会经济的协调、可持续发展。

第一节　盐池县基本概况

一、自然概况

（一）地理位置

盐池县位于宁夏回族自治区东部，毛乌素沙地西缘腹地，东邻陕西省定边县，南靠甘肃省环县，北连内蒙古自治区鄂托克前旗，西与本区同心县、灵武市接壤，属三省交界地带。地理位置为东经 106°30′～107°47′，北纬 37°14′～38°10′。

（二）地形地貌

盐池地势南高北低，海拔 1295～1951.3m，北接毛乌素沙漠，属鄂尔多斯台地，南靠黄土高原，分属黄土丘陵区和鄂尔多斯缓坡区两大地貌单元。地理地段属典型的过渡地带，即自南向北是从黄土高原向鄂尔多斯台地的过渡地带。

南部黄土丘陵区是我国黄土高原的西北边缘部分，也是陇东黄土地貌的北部边缘。海拔均在 1600m 以上，最高海拔 1951.5m。这里山峦起伏，沟壑纵横，梁峁相间，水土流失严重。该区北缘有一条长 45km 的黄土梁，海拔 1823 ~ 1951.3m，构成东北—西南向分水岭。

北部鄂尔多斯台地缓坡丘陵区海拔 1400~1600m，大部分为缓坡丘陵和滩地。沙漠和沙地是该区域主要的地貌类型，县域北部有自西向东的流动沙带横穿。

县城西南、东部、北部的低地分布着大小 20 余处天然咸水湖泊和滩地。

（三）气候

盐池县属典型中温带大陆性气候，按我国宁夏气候分区，属盐池—同心半干旱气候区。由于受西北环流支配，北方大陆气团控制时间较长，因此，盐池形成冬长夏短、春迟秋早、冬寒夏热、干旱少雨、风大沙多、日照充足的气候特点。

盐池年平均气温 7.8℃，极端最高气温 38℃，极端最低气温 -29.6℃。日照长，温差大，气候差异明显。盐池年日照时数为 2896.4h，年太阳总辐射值 140.31kcal/cm^2，大于或等于 10℃ 积温 2944.9℃，平均无霜期 162 天。

盐池多年平均降雨量 248.6mm 左右，年际变化大，且多集中在 7 月、8 月、9 月三个月；年蒸发量 2179.8mm，为降水量的 8~9 倍，干燥度为 3.1。

盐池冬春风沙天气较多。年平均风速 2.9m/s，最大风速达 16m/s，风向以西北风为主，年均大风日数为 36~69 天，沙尘暴日数为 15 天以上，主要集中在 2 月至 5 月。

盐池主要灾害性天气有干旱、大风、沙尘暴、冰雹、低温冻害等。

（四）水资源

盐池县水资源十分贫乏，境内无常流河，均为内陆冲沟水系，流域面积大于 300hm^2 的冲沟有 30 余条。地表水以大气降水和泉水溢出为主，年地表径流量 2690 万 m^3；已探明的地下水可开采贮量 1600 万 m^3，均分布于北部鄂尔多斯缓坡丘陵地区，大部分已被开发为井灌区和人畜饮水工程。盐池县绝大部分地区水质差，矿化度高（200mg/L），含氟量在 1.5mg/L 以上。

盐环定扬黄工程建成后，扭转了盐池县无黄河水灌溉的历史。该工程横贯盐池县中西部，年流量 5m^3/s，已开发水浇地近 1.33 万 hm^2。

（五）土壤

盐池县主要土壤类型有9个大类24个亚类，45个土属，146个土种和变种。主要有灰钙土、风沙土、黄绵土、盐土、草甸土等类型。

灰钙土：其土壤母质为第四纪洪积冲积物，质地较粗，沙性强，土体干燥。主要分布在中、北部的鄂尔多斯缓坡丘陵地带。

风沙土：主要分布在北部中部灰钙土地区，其沙源为毛乌素沙漠的风沙土，经风力搬运在县城中北部形成，主要为格状沙丘链和复沙地，土体干燥易流动。

黄绵土：是盐池县干草原生物气候带条件下形成的地带性土壤，为第四纪风积黄土；分布于南部麻黄山、大水坑、惠安堡等黄土丘陵地区，土层深厚，以轻壤土为主；有机质含量较低，土质疏松，水土流失严重。

盐土：主要分布在县城中北部的低洼地，湖滩周边的地下水埋藏较高的区域，由于地下水即湖底土层中的盐分，随土壤毛管水上升至土壤表层，水分不断蒸发，盐分则不断在表土中积累，形成盐土，有的盐分较高，形成盐结皮。

二、社会经济概况

（一）行政区划与人口

盐池县属吴忠市管辖，也是省直管县之一，辖区总面积5707.15km²，是宁夏面积最大的县。全县共辖4乡、4镇、1个街道办、15个居委会和101个村委会。截至2014年年末，全县户籍人口总户数53889户，总人口16.5万人，其中回族人口3597人，占人口总数的2.18%，汉族人口160925人，占人口总数的97.53%；农村人口为97679人。

（二）国民经济概况

2014年，盐池县完成地区生产总值56.35亿元，比上年增长11.1%。GDP总量是2009年的2.6倍，年均增长13.2%。分产业看，第一产业实现增加值5.86亿元，比上年增长5.9%，第二产业实现增加值31.68亿元，比上年增长18.2%，第三产业实现增加值18.81亿元，比上年增长1.5%。三大产业的结构比为10.4：56.2：33.4。

2014年，盐池县完成县级公共财政预算收入达8.5亿元，增长22.5%，公共财政预算收入总量是 2009 年的 5.6 倍，年均增长 37.9%。全年实现全社会固定资产投资 108.2 亿元，增长 26.7%，固定资产投资总量是 2009 年的 4.3 倍，年均增长 37.2%。全年社会消费品零售总额达到 10.7 亿元，增长 11.3%，在 2009 年的基础上翻了一番，年均增长 15.3%。

随着一系列富民惠民政策措施的贯彻落实，盐池县城乡居民收入持续增加。2014 年全县城镇居民人均可支配收入 19157 元，同比增长 8.5%；全县农村居民人均可支配收入 6975 元，增长 12.3%。全年收入总量是 2009 年的 2.1 倍，年均增长 13.5%。

（三）交通

2014 年年末，盐池县公路通车里程（含村级公路）达到 2310km，其中国道 302km，省道 268km，县道 84.7km，乡村道 1455.3km。开通运输线路 141 条，其中国道 5 条，省道 3 条，县道 1 条，乡村道 132 条。银青高速公路、盐中高速公路、307 国道、211 国道、盐兴公路以及太中银铁路穿境而过，形成四通八达的联络网线，交通便利。

（四）生态区位

盐池县地处鄂尔多斯台地向黄土高原过渡地带，南部沟壑纵横，地形破碎，土壤瘠薄，生态环境脆弱，沟壑密度 1.5 ~ 3.0km/km^2，土壤侵蚀强度为 6000 ~ 10000t/(a·km^2)，水土流失严重，是本区最为敏感的生态问题。

盐池县北部为鄂尔多斯缓坡丘陵区，为毛乌素沙地西缘，多为流动沙丘与固定、半固定沙地，植被覆盖度低。本区最敏感的生态问题是土地沙化和草场退化。

根据《宁夏生态功能区划》，盐池县属"土壤侵蚀中度敏感区"和"土地沙化极敏感区"，生态区位极其重要。

（五）文化旅游资源

近年来，盐池县在县委县政府的高度重视下，旅游业呈现出良好的发展势头。盐池县境内分布着三条古长城、众多的古城堡以及花马寺生态旅游区、革命烈士纪念馆、沙生灌木园、生态治沙基地、革命遗址、古文明遗址、古墓葬、古墩堠、草原、湿地、盐湖和沙漠风光等旅游资源。

近年来，盐池县先后建成哈巴湖国家自然保护区、花马寺国家森林公园等一批生态效益、社会效益显著的生态治理示范区。每年5月至10月，生态治理区域内草木葱茏、花香袭人。以绿色、自然、宁静闻名的哈巴湖旅游区乔木参天，灌丛连片，绿草盈尺，沙丘绵绵，为人们提供了自然生态观光、避暑度假、沙漠探险的好去处。丰富的旅游资源使盐池已成为宁夏及周边旅游度假的重要节点，旅游产业欣欣向荣。

（六）土地利用现状

盐池县土地总面积为57.0715万 hm^2（856.07万亩），其中：耕地面积为13.0488万 hm^2（195.73万亩），林地面积为22.4272万 hm^2（336.41万亩），牧草地面积为19.0182万 hm^2（285.27万亩），水域面积为0.3678万 hm^2（5.52万亩），建设用地面积为2.2042万 hm^2（33.06万亩），未利用地53.33 hm^2（799.95亩）。

在各乡镇土地面积中，花马池镇土地面积为75770.67 hm^2，高沙窝镇为68793.41 hm^2，王乐井乡为67620.66 hm^2，冯记沟乡为67218.91 hm^2，青山乡为44544.57 hm^2，惠安堡镇为85302.52 hm^2，大水坑镇为106602.24 hm^2，麻黄山乡为54861.94 hm^2。

三、防沙治沙生态工程

盐池县是吴忠市防沙治沙的主战场，该县经过10年的有效治理，截至2010年年底，林木保存面积已达到28.96万 hm^2，13.33万 hm^2 以上的沙化土地得到不同程度的治理，3.33 hm^2 流动沙丘基本固定，8.00万 hm^2 退化草原恢复植被，植被覆盖度已由2001年前的30%提高到65%，产草量由每公顷720kg增加到每公顷2520kg，沙化面积减少到现在的6.67万 hm^2。"十一五"期间，盐池县认真贯彻落实区、市关于林业工作的方针政策，动员全县广大干部群众，按照经济社会可持续发展的要求，以高标准建设国家级生态示范县为目标，坚持科技兴林、依法治林，不断加大科技投入，加快种植业结构调整步伐，林业依托退耕还林、三北四期、天然林保护等国家重点工程的实施，结合实行封山（沙）禁牧，建设取得了巨大成就，生态环境得到了极大改善。全县生态环境发生了根本性的转变，沙漠化实现了初步逆转，大面积的流动半流动沙丘得到治理，到处呈现出绿草葱葱的景象，初步实现了"人进沙退"的历史性逆转。特别是近 5 年间，完成造林合格面积 10.19 万 hm^2（152.8 万亩），占全县林木保存总面积的 38%。2008 年，国家林业和草原局原副局长李育材高度赞誉盐池是全国防沙治沙的典范，并为盐池县题词"人进沙退，治沙典范"。

（一）退耕还林工程

自 2001 年在盐池县实施退耕还林工程以来，累计造林 11.03 万 hm^2（165.5 万亩），占全县林木保存面积的 38%。其中：退耕地造林 2.8 万 hm^2（42 万亩），宜林荒山造林 7.97 万 hm^2（119.5 万亩），封山育林 0.27 万 hm^2（4 万亩）。全县共补助粮食 10255 万 kg，补助现金及粮折款 17546.9 万元，种苗补助 8333 万元。全县农民平均每户每年从退耕还林政策中受益 1618 元。实施退耕还林工程 8 年来，全县林木覆盖率提高了 16 个百分点，严重水土流失的坡耕地和沙化耕地得到治理，采用林草、林药两种间作模式，以及退耕还果和退耕还柳两种独具特色的还林模式，逐步形成了牧草、中药材、经济林以及沙生灌木加工利用等产业优势，取得了明显的生态、经济和社会效益。

（二）天然林保护工程

"十一五"期间盐池县累计实施森林管护面积 12.55 万 hm^2（188.3 万亩），封山育林 2.2 万 hm^2（33 万亩）。主要对中北部地区的柠条、红柳、白刺等天然林木资源和 20 世纪 90 年代飞播区及疏林地进行封育，采取补植补播、中耕抚育、病虫害防治等措施，促进林草自然生息繁衍，恢复"沙海绿洲"新景观。同时通过实施天然林资源保护工程（简称"天保工程"），机械化林场和城郊林场 77 名富余人员得到安置，323 名林业职工参加了养老保险，为林业职工解决了后顾之忧。

（三）三北防护林工程

"十一五"期间，累计人工造林 2.67 多万 hm^2（40 多万亩），四旁植树 16.43 万株，占全县各项林业工程造林面积的 43%。沙区利用生物措施和工程措施相结合的办法，扎设方格机械固沙，有效防止沙丘移动。南部黄土丘陵沟壑区采取挖鱼鳞坑、水平沟等工程措施保持水土，营造水土保持林。逐步建立了以柠条为主的防护林、乔灌草结合的混交林、以杨树为主的农防林、南部山区干旱阳坡以山杏为主的水保林四种模式。通过 30 年的建设，从根本上扭转了生态环境恶化的趋势，使盐池县在宁夏率先实现了沙漠化逆转。

第二节　综合效益评估

一、指标权重确定方法

根据综合效益评价指标法评价的原则，构建综合效益评价的生态效益、经济效益和社会效益的指标，并主要选择层次分析法作为确定评价指标权重的方法。该方法是将和决策有关的元素分解成目标、方案、准则等层次，以此进行定性和定量分析的决策方法。

层次分析法包括以下四个步骤：

一是建立递阶层次结构模型。选择最能体现系统特征的因素，构造一个有层次的结构模型，这些层次包括最高层（目标层）、中间层（准则层）、最低层（指标层）三类，如图 4.1 所示。

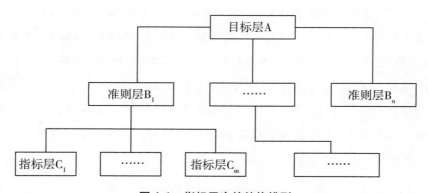

图 4.1　指标层次的结构模型

图 4.1 中：最高层目标层 A 为要达到的目标；中间层准则层 B 表示中间环节；最低层指标层 C 表示具体的解决措施和办法。

二是构建判断矩阵。判断 A 层中元素 A_k 和下层 P 中元素 P_1，P_2，$\cdots$，P_n 的联系，将 P 中元素两两比较重要性，构成下面的判断矩阵：

$$\begin{bmatrix} p_{11} & \cdots p_{1n} \\ \vdots & \cdots & \cdots \\ p_{n1} & \cdots & p_{nn} \end{bmatrix} \qquad\qquad (4-1)$$

式中，$P_{if} = W_i / W_f$，表示对 A_k 而言，第 i 个元素（因素）与第 j 个元素（因素）重要度之比。

通常通过 1～9 标度方法确定判断矩阵中各元素的值，1、3、5、7、9 的值分别表示两因素相比，一因素比另一因素同样、稍微、明显、强烈、极端重要。2、4、6、8 表示上述相邻判断的中间值。

三是邀请专家填写判断矩阵，进行层次单排序及一致性检验，根据专家填写的判断矩阵来确定该矩阵的权数，并进行检验。

四是总排序及一致性检验。各因素对于最高层（总目标）相对重要性的排序权值，并做一致性检验。

层次分析法的最大特点是可以定性和定量相结合的处理问题，有助于决策人员保持思维过程和决策原则的一致性。

二、指标权重的确定

本研究采用层次分析法，收集盐池县 1990—2015 年相关指标的数据，并求有关指标数据的平均值作为评价指标的数据，借助判断矩阵计算出荒漠化治理的生态效益、经济效益和社会效益的指标权重。三者的权重分别为 0.648、0.2298 和 0.1222（表 4.1），其中生态效益的权重最高。

表 4.1　系统层指标权重计算

决策目标	生态效益	经济效益	社会效益	W_i
生态效益	1	0.58	1.12	0.6480
经济效益	0.58	1	1.8211	0.2298
社会效益	0.8929	0.5488	1	0.1222

因此，计算得到各具体指标对目标层总指标的权重，具体如表 4.2 所示。

表 4.2　盐池县荒漠化治理综合效益评价各指标权重

系统层	权重	标准层	分领域权重	指标层	权重
生态效益	0.648	固碳释氧	0.1793	固碳价值	0.0549
				释氧价值	0.0549
		涵养水源	0.2848	调节水量价值	0.0923
				净化水质价值	0.0923
		保护土壤	0.2629	固土价值	0.0852
				保肥价值	0.0852
		荒漠化土地减少率	0.1386	荒漠化土地减少率	0.0898
		风沙日数减少率	0.1443	风沙日数减少率	0.0935
经济效益	0.2298	直接经济效益	0.6457	林业价值	0.947
				人均纯收入	0.0385
				人均生产粮食	0.0315
				人均生产畜牧品	0.0315
		间接经济效益	0.3543	第三产业增长率	0.0448
				农村剩余劳动力转移率	0.0367
社会效益	0.122	可量化的社会效益	0.7311	劳动生产率增加率	0.0175
				农村居民恩格尔系数	0.0417
				科技贡献增长率	0.0299
		潜在的社会效益	0.2689	群众对现有生活的满意度	0.0164
				群众对治沙工作的认同率	0.0164

三、综合效益指数的计算

确定综合指数的方法有指数和法、指数积法和指数加乘混合法三类。

本研究采用指数和法对荒漠化治理的综合效益进行评价，计算综合指数的公式为：

$$P(O) = \sum_{i=1}^{n} W_{C_i} \cdot P(C_i) \tag{4-2}$$

式中，$P(O)$ 为综合指数评价值，$P(C_i)$ 为单个指标量化值，W_{C_i} 为各单项指标权重。荒漠化治理综合效益指数越大，表明区域生态系统越好。

研究选取五个等级来划分计算得出的荒漠化治理工程综合效益指数，并用来反映工程的可持续性，具体如表4.3所示。

表4.3　荒漠化治理综合效益评价分类

综合效益指数区间	0.00≤P<0.2	0.2≤P<0.4	0.4≤P<0.6	0.6≤P<0.8	0.8≤P<1
级别	差	较差	中等	良好	优秀

四、盐池县荒漠化治理综合效益评估

根据获得的相关指标原始数值，计算得出盐池县1978—2013年的荒漠化治理综合效益值，具体结果见表4.4。

表4.4　盐池县不同时期荒漠化治理综合效益评价结果

年份	1978	1985	1990	1995	2000	2001	2002	2003	2004
综合效益	0.16	0.21	0.24	0.27	0.29	0.3	0.32	0.33	0.4
级别	差	较差	较差	较差	较差	较差	较差	较差	中等
年份	2005	2006	2007	2008	2009	2010	2011	2012	2013
综合效益	0.43	0.45	0.48	0.49	0.51	0.54	0.56	0.6	0.62
级别	中等	中等	中等	中等	中等	中等	中等	良好	良好

因此，从上述计算结果可以看出：1978—2013年，盐池县荒漠化治理综合效益逐步提高，由最初"差"（0.16）的级别逐步上升到综合效益"良好"（0.62）的级别，防沙治沙工程取得较大的成绩和进步。

第三节　基于生态足迹的荒漠化治理工程
可持续发展状态研究

一、数据来源及处理方法

本研究主要采用生态足迹方法评价盐池县荒漠化治理的可持续发展状态。评价中的所有数据来源于 1978—2017 年的《中国统计年鉴》《宁夏统计年鉴》《吴忠市统计年鉴》《盐池县统计年鉴》以及宁夏自然资源厅、宁夏林业和草原局、宁夏环境保护网等相关数据库。具体来说，收集测算盐池县荒漠化治理项目生态足迹、生态承载力等指标的数据，计算并判断防沙治沙项目生态足迹的盈亏状况，计算单位足迹 GDP 产出、生态可持续发展指数、生态协调指数等，衡量盐池县 1978—2017 年荒漠化防治工程的可持续发展状态。

对于部分年份存在短缺数据，研究采用线性插值方法补充相关数据。另外，在数据收集过程中，涉及防沙治沙项目一些支付意愿的数据，本研究主要根据外力·司马义和孜比布拉·司马义的相关研究，通过向当地居民发放调查问卷获取有关数据，并计算相应的生态足迹（外力·司马义、孜比布拉·司马义，2016）。

二、各类土地均衡因子的计算

根据生态足迹理论，盐池县的土地被划分为六种不同类型，即耕地、林地、草地、水域、化石燃料用地和建设用地，不同类型土地的平均生物产出能力存在较大差异（张颖，2006）。因此，有必要对不同的土地通过均衡因子转换为能直接比较的标准区域。当前，我国大多数研究中用到的均衡因子数据一般都源于瓦克纳格尔使用的均衡因子，但是它对于不同年份不同地区的产量考虑不够充分。考虑到我国的自然条件、经济发展水平等具有一定的差异，在计算盐池县的生态足迹前，本研究根据区域内不同类型土地的生物产出量和生产面积，综合"技术经济手册"中产品的单位热值数据，计算盐池县六类土地的总热量输出和总面积，求得不同类型土地的平均生产力，从而计算出 1978—2017 年盐池县所有土地类型的均衡因子，并对不同类型土地的生物产出水平进行计量。

（一）耕地生物产出水平

根据相关统计资料，盐池县主要耕地作物有小麦、玉米、薯类、豆类、油料、蔬菜、瓜果类等，应该指出的是，在计算耕地产物时，不将其他动物类产品产出纳入其中。盐池县 1978—2017 年耕地作物产出水平计算如表 4.5 所示。

由表 4.5 可知，1978—2017 年盐池县耕地的土地总面积呈现出增加的趋势，2017 年相对于 1978 年增加了 12.82 千 hm^2。其中，小麦、油料、瓜果的耕地产出面积在降低，玉米的耕地产出面积增量最多，增加了 10.3 千 hm^2，薯类的耕地面积增加了 2.75 千 hm^2，豆类的耕地面积增加了 0.41 千 hm^2，蔬菜的耕地面积增加了 0.95 千 hm^2。在农作物产量方面，盐池县瓜果产量非常大，远超过其他农作物产量，1978—2017 年盐池县瓜果占盐池县耕地主要农作物总产量的平均比例为 48.62%。此外，玉米和薯类总产量较高，豆类和小麦总产量较低。均衡因子的大小取决于总热值以及总耕地面积，在总热值贡献方面，豆类和油料产量不大，即使单位热值大，总热值还是有限的。蔬菜、瓜果的单位热值虽然较低，但是由于产量较大，因此对总热值的贡献较高。在所有耕地作物中，玉米的总热值在所有作物中是最大的。

（二）林地生物产出水平

盐池县的主要林地作物包括林木、苹果和红枣，根据"技术经济手册"中产品的单位热值，计算出 1978—2017 年盐池县林地生物的产出水平，具体产出情况见表 4.6。

由表 4.6 可知，林木栽种面积由 27.32 千 hm^2 增长到 31.56 千 hm^2，苹果栽种面积从 0.54 千 hm^2 增长到 4.02 千 hm^2，红枣栽种面积从 0.11 千 hm^2 增长到 1.51 千 hm^2。就单位产量而言，截至 2017 年，林木单位产量为 2.32m^3/hm^2，苹果单位产量为 0.11t/hm^2，红枣单位产量为 0.15 t/hm^2。从总热值贡献水平上来看，苹果的热值贡献在所有林地产品中最高，但是 2017 年由于产量骤减，导致热值贡献率降低。红枣受其所种面积和产量的影响，热值的贡献率并不总是很高。

表4.5　1978—2017年盐池县耕地作物产出水平

种类	项目	1978	1980	1985	1990	1995	2000	2005	2010	2015	2016	2017
小麦	总产量（万t）	0.11	0.29	0.26	0.46	0.51	0.26	0.09	0.38	0.05	0.13	0.10
	总面积（千hm²）	1.86	3.14	2.18	2.10	1.96	1.78	1.52	3.00	8.67	1.56	1.47
	单位产量（t/hm²）	0.61	0.94	1.18	2.19	2.63	1.45	0.61	1.27	0.55	0.82	0.68
	总热值（10¹⁰ J）	9800	15102	18958	35185	42254	23296	9790	20480	8802	13234	10952
玉米	总产量（万t）	0.74	0.45	1.46	1.54	2.28	1.54	5.02	6.50	6.66	6.87	0.57
	总面积（千hm²）	2.15	2.93	4.62	3.89	5.20	2.70	7.98	9.18	11.31	11.69	12.45
	单位产量（t/hm²）	3.46	1.53	3.17	3.95	4.38	5.71	6.30	7.08	5.89	5.88	0.46
	总热值（10¹⁰ J）	57039	25222	52258	65117	72205	94130	103852	116732	97144	96878	7575
薯类	总产量（万t）	0.75	0.70	0.66	0.84	0.80	1.21	1.04	1.31	1.36	1.56	0.22
	总面积（千hm²）	7.78	7.97	8.42	8.87	9.53	10.03	8.22	9.30	11.67	11.70	10.53
	单位产量（t/hm²）	0.96	0.88	0.79	0.95	0.84	1.21	1.26	1.41	1.16	1.34	0.21
	总热值（10¹⁰ J）	5492	5034	4520	5435	4806	6922	7208	8054	6651	7646	1184
豆类	总产量（万t）	0.02	0.02	0.02	0.02	0.02	0.02	0.03	0.03	0.01	0.02	0.02
	总面积（千hm²）	0.26	0.85	0.36	0.32	0.56	0.73	2.06	0.39	0.28	0.55	0.67
	单位产量（t/hm²）	0.59	0.22	0.55	0.68	0.42	0.31	0.13	0.75	0.36	0.37	0.35
	总热值（10¹⁰ J）	12433	4636	11590	14330	8851	6618	2699	15764	7629	7859	7390

续表

项目		1978	1980	1985	1990	1995	2000	2005	2010	2015	2016	2017
油料	总产量（万t）	0.13	0.11	0.30	0.34	0.12	0.18	0.16	1.16	1.17	0.60	0.13
	总面积（千hm²）	1.65	1.22	7.62	4.90	1.39	3.05	8.59	12.62	9.16	4.67	1.29
	单位产量（t/hm²）	0.79	0.93	0.39	0.69	0.84	0.59	0.18	0.92	1.27	1.28	0.97
	总热值（10¹⁰ J）	22605	26610	11159	19743	24035	16898	5264	26324	36445	36622	27839
油料	总产量（万t）	0.53	0.61	0.66	0.73	0.74	0.77	0.86	0.85	1.26	1.07	1.72
	总面积（千hm²）	0.71	0.75	0.76	0.79	0.78	0.79	0.85	0.81	1.17	1.03	1.66
	单位产量（t/hm²）	7.46	8.15	8.67	9.18	9.52	9.79	10.16	10.53	10.77	10.39	10.35
	总热值（10¹⁰ J）	10914	11923	12684	13430	13928	14323	14864	15405	15753	15204	15142
蔬菜	总产量（万t）	3.29	3.59	4.41	6.60	5.63	3.20	5.30	7.18	7.77	8.48	2.43
	总面积（千hm²）	1.40	1.38	1.46	1.67	1.53	1.10	1.94	2.51	3.58	3.89	0.56
	单位产量（t/hm²）	23.50	26.10	30.20	39.50	36.80	29.10	27.40	28.60	21.72	21.80	43.26
瓜果	总热值（10¹⁰ J）	21890	24312	28131	36794	34279	27107	25523	26641	20235	20310	40297

注：数据来自《宁夏统计年鉴》(1978—2018 年)。

表 4.6 1978—2017 年盐池县林地生物产出水平

种类	项目	1978	1980	1985	1990	1995	2000	2005	2010	2015	2016	2017
林木	总产量（万 m³）	3.84	4.87	5.18	5.25	6.26	6.49	6.83	6.79	7.12	7.23	7.33
	总面积（千 hm²）	27.32	28.68	29.04	29.40	29.76	30.12	30.48	30.84	31.20	31.38	31.56
	单位产量（t/hm²）	1.41	1.70	1.78	1.79	2.10	2.15	2.24	2.20	2.28	2.30	2.32
	总热值（10¹⁰J）	17303	20903	21958	21982	25894	26525	27585	27114	28112	28346	28578
苹果	总产量（万 t）	2.20	1.50	2.40	1.90	1.70	2.30	2.60	2.40	3.00	1.52	0.05
	总面积（千 hm²）	0.54	0.56	0.68	0.69	0.72	0.74	0.75	0.82	0.80	1.21	4.02
	单位产量（t/hm²）	40.77	26.80	35.31	27.39	23.62	31.13	34.71	29.26	37.50	12.64	0.11
	总热值（10¹⁰J）	112548	73990	97476	75607	65201	85939	95811	80788	103515	34882	316
红枣	总产量（万 t）	0.01	0.01	0.01	0.01	0.01	0.01	0.01	0.01	0.01	0.02	0.02
	总面积（千 hm²）	0.11	0.12	0.26	0.11	0.26	0.20	0.25	0.30	0.25	0.44	1.51
	单位产量（t/hm²）	0.59	0.56	0.25	0.59	0.25	0.32	0.26	0.22	0.58	0.42	0.15
	总热值（10¹⁰J）	1314	1234	545	1300	558	702	571	476	1278	933	330

注：数据来自《宁夏林业统计年鉴》（1978—2018 年）。

（三）草地生物产出水平

在计量盐池县草地生物产出总热值时，考虑到草地的主要产出为猪肉、羊肉、牛肉、牛奶等，具体见表4.7。根据《宁夏统计年鉴》，1978—2017年草地总面积呈小幅增长趋势，由1978年229.3千hm²增长到2017年381.9千hm²，猪肉、羊肉、牛肉和牛奶的产出量呈先上升后下降的态势，截至2017年，猪肉、羊肉、牛肉和牛奶的产量分别为0.41万t、2.02万t、0.03万t和1.69万t。从热值贡献上看，虽然牛奶的产量处于中等水平，但是牛奶的单位热值为206455 CJ/hm²，高于猪肉、羊肉和牛肉的单位热值。因此，牛奶的总热值最大，受产出水平影响，其他草地生物的总热值贡献是按照羊肉、猪肉和牛肉降序排列。

表4.7 1978—2017年盐池县草地生物产出水平

项目	猪肉		牛肉		羊肉		牛奶		草地总面积
	产量	总热值	产量	总热值	产量	总热值	产量	总热值	
1978	0.12	95.44	0.01	8.04	0.58	463.94	0.00	13.51	229.3
1980	0.18	113.70	0.01	6.48	0.51	328.80	0.00	10.89	284.5
1985	0.35	219.59	0.01	6.29	0.69	431.79	0.00	34.51	293.1
1990	0.52	302.88	0.01	5.84	0.65	377.76	0.01	47.10	315.6
1995	0.30	114.39	0.02	7.64	0.88	334.66	0.13	556.48	482.3
2000	0.30	139.95	0.02	9.35	0.97	451.33	0.24	1259.05	394.2
2005	0.42	170.76	0.03	12.22	1.20	486.62	0.87	3985.77	452.3
2010	0.40	169.14	0.03	12.71	1.00	421.75	0.60	2848.31	434.9
2015	0.40	198.83	0.04	19.92	1.40	694.09	0.69	3850.56	370.0
2016	0.46	229.69	0.02	10.01	1.59	791.87	0.73	4092.28	368.3
2017	0.41	197.44	0.03	14.48	2.02	970.21	1.69	9136.68	381.9

注：数据来自《宁夏统计年鉴》（1978—2018年）；产量单位为万t，总面积单位为千hm²，总热量单位为10¹⁰J。

（四）水域生物产出水平

盐池县水域生物的产出主要是养殖和自然捕捞。其中包括鱼、蟹和虾，在《宁夏统计年鉴》中这三者的产出量是合在一起统计的，为了使计算结果更准确，在计算水域生物产出水平时，由于鱼、蟹和虾三者的单位热值相差不大，因此取其平均值，其产出水平计算如表4.8所示。

由表4.8可知，盐池县水域的面积不大，先升后降，2017年水域仅为67hm²，总产量并没有因水域总面积减少而骤减，也因此影响了总热值的计算。

表4.8　1978—2017年盐池县水域生物产出水平

项目	水产品产量(t)	总面积(hm²)	总热值(10¹⁰J)
1978	10	104	575
1980	10	107	559
1985	10	204	293
1990	11	301	219
1995	12	306	235
2000	11	205	321
2005	93	207	2688
2010	32	402	476
2015	355	407	5218
2016	199	231	5124
2017	232	473	2925

注：数据来自《宁夏统计年鉴》(1978—2018年)。

(五)化石燃料用地和建设用地生物产出水平

除以上四类主要土地类型外，还有两种土地类型，即化石燃料用地和建设用地。其中化石燃料用地的生物产出面积是吸收煤、石油、天然气等化石燃料燃烧释放的温室气体所必需的生态资源面积。较早的生态足迹计量研究中，普遍认为森林具有吸收 CO_2 等温室气体的作用，忽略了草地等其他资源。事实证明，森林碳储量在世界陆地绿植表面总量中占据的比例最高，草地的碳储量位居第二(张志强，2000)。因此，计量化石燃料土地的生物产出面积，也就是计量森林和草地整体的生物产出面积，具体的公式为：

$$P_{化} = \frac{E_{化}}{S_{化}} = \frac{E_{森} + E_{草}}{S_{森} + S_{草}} \tag{4-3}$$

式中，$P_化$ 为化石燃料土地的普遍产出能力，$E_森$ 为林业用地的总热量值，$E_草$ 为草地的总热量值，$S_森$ 为林业用地面积，$S_草$ 为草地面积。

除化石燃料用地外，还有一种土地类型为建设用地。建设用地面积是指土地被用来进行居住、交通、建水坝等用途使用的面积。在本研究中，由于建设用地的产出能力与耕地极为相近，依据建设用地的实际使用面积，计算出相应的产量，从而计算出建筑用地均衡因子。

（六）各类土地均衡因子表

根据上述计算的不同土地类型的产出水平数据，对盐池县 1978—2017 年不同类型土地的均衡因子进行计算，计算结果如表 4.9 至表 4.19 所示。

表 4.9　1978 年盐池县各类土地均衡因子

土地类型	总热值 （10^{10}J）	总面积 （千 hm^2）	生产力 （10^7J/hm^2）	均衡因子
耕地	140173.04	101.27	1384.15	4.06
林地	131164.52	91.98	1426.01	4.19
草地	580.92	480.82	1.21	0.00
水域	575.23	2.74	209.94	0.62
化石燃料用地	131745.44	572.80	230.00	0.68
建设用地	28375.11	20.50	1384.15	4.06
总计	432614.26	1270.11	340.61	—

表 4.10　1980 年盐池县各类土地均衡因子

土地类型	总热值 （10^{10}J）	总面积 （千 hm^2）	生产力 （10^7J/hm^2）	均衡因子
耕地	112840.98	102.19	1104.23	4.38
林地	96126.98	91.56	1049.88	4.17
草地	459.86	500.75	0.92	0.00
水域	559.11	2.53	220.99	0.88
化石燃料用地	96586.84	592.31	163.07	0.65
建设用地	23851.31	21.60	1104.23	4.38
总计	330425.07	1310.94	252.05	—

表4.11 1985年盐池县各类土地均衡因子

土地类型	总热值 （10^{10}J）	总面积 （千 hm^2）	生产力 （10^7J/hm^2）	均衡因子
耕地	139300.39	103.22	1349.55	4.29
林地	119979.20	91.92	1305.26	4.15
草地	692.18	496.44	1.39	0.00
水域	293.26	0.72	407.30	1.29
化石燃料用地	120671.38	588.36	205.10	0.65
建设用地	28610.43	21.20	1349.55	4.29
总计	409546.84	1301.86	314.59	—

表4.12 1990年盐池县各类土地均衡因子

土地类型	总热值 （10^{10}J）	总面积 （千 hm^2）	生产力 （10^7J/hm^2）	均衡因子
耕地	190033.44	103.46	1836.78	5.48
林地	98889.50	91.74	1077.93	3.21
草地	733.57	481.40	1.52	0.00
水域	218.63	1.69	129.37	0.39
化石燃料用地	99623.08	573.14	173.82	0.52
建设用地	36919.31	20.10	1836.78	5.48
总计	426417.53	1271.53	335.36	—

表4.13 1995年盐池县各类土地均衡因子

土地类型	总热值 （10^{10}J）	总面积 （千 hm^2）	生产力 （10^7J/hm^2）	均衡因子
耕地	200357.23	103.16	1942.20	5.71
林地	91652.68	91.44	1002.33	2.95
草地	1013.17	472.58	2.14	0.01
水域	234.61	1.58	148.48	0.44
化石燃料用地	92665.85	564.02	164.30	0.48
建设用地	40397.74	20.80	1942.20	5.71
总计	426321.28	1253.58	340.08	—

表4.14 2000年盐池县各类土地均衡因子

土地类型	总热值 (10^{10} J)	总面积 (千 hm^2)	生产力 (10^7 J/hm^2)	均衡因子
耕地	189293.63	103.29	1832.64	4.69
林地	113166.35	91.96	1230.60	3.15
草地	1859.68	429.59	4.33	0.01
水域	321.01	1.72	186.63	0.48
化石燃料用地	115026.03	521.55	220.55	0.56
建设用地	37385.91	20.40	1832.64	4.69
总计	457052.61	1168.51	391.14	—

表4.15 2005年盐池县各类土地均衡因子

土地类型	总热值 (10^{10} J)	总面积 (千 hm^2)	生产力 (10^7 J/hm^2)	均衡因子
耕地	169200.03	103.62	1632.89	4.08
林地	123966.12	90.97	1362.71	3.40
草地	4655.38	422.98	11.01	0.03
水域	2687.76	1.33	2020.87	5.05
化石燃料用地	128621.50	513.95	250.26	0.63
建设用地	32167.93	19.70	1632.89	4.08
总计	461298.72	1152.55	400.24	—

表4.16 2010年盐池县各类土地均衡因子

土地类型	总热值 (10^{10} J)	总面积 (千 hm^2)	生产力 (10^7 J/hm^2)	均衡因子
耕地	229400.69	104.12	2203.23	5.22
林地	108378.64	90.24	1201.00	2.84
草地	3451.90	434.90	7.94	0.02
水域	476.21	1.90	250.64	0.59
化石燃料用地	111830.54	525.14	212.95	0.50
建设用地	42963.06	19.50	2203.23	5.22
总计	496501.04	1175.80	422.27	—

表 4.17　2015 年盐池县各类土地均衡因子

土地类型	总热值 （10^{10}J）	总面积 （千 hm²）	生产力 （10^7J/hm²）	均衡因子
耕地	192658.90	104.18	1849.32	3.81
林地	132904.67	90.99	1460.59	3.01
草地	4763.41	368.28	12.93	0.03
水域	5218.10	3.45	1512.49	3.11
化石燃料用地	137668.08	459.28	299.75	0.62
建设用地	34114.48	18.45	1849.32	3.81
总计	507327.64	1044.63	485.65	—

表 4.18　2016 年盐池县各类土地均衡因子

土地类型	总热值 （10^{10}J）	总面积 （千 hm²）	生产力 （10^7J/hm²）	均衡因子
耕地	197753.54	104.10	1899.69	5.38
林地	64161.63	90.92	705.70	2.00
草地	1013.17	368.02	2.75	0.01
水域	5123.85	3.74	1370.01	3.88
化石燃料用地	65174.80	458.94	142.01	0.40
建设用地	35788.19	18.84	1899.69	5.38
总计	369015.18	1044.56	353.28	—

表 4.19　2017 年盐池县各类土地均衡因子

土地类型	总热值 （10^{10}J）	总面积 （千 hm²）	生产力 （10^7J/hm²）	均衡因子
耕地	110378.81	104.05	1060.88	5.42
林地	29224.17	90.88	321.59	1.64
草地	10318.81	381.88	27.02	0.14
水域	2925.08	2.49	1176.62	6.01
化石燃料用地	39542.98	472.75	83.64	0.43
建设用地	16455.24	15.51	1060.88	5.42
总计	208845.09	1067.56	195.63	—

由表 4.9 至表 4.19 可以看出，1978—2017 年盐池县不同类型土地的均衡因子持续波动，幅度差较大。耕地的均衡因子在 3.81 ~ 5.71 变动，变动幅度较小；林地的均衡因子在 1.64 ~ 4.19 变动；草地的均衡因子在 0 ~ 0.14 之间变动；水域的均衡因子在 0.39 ~ 6.01 变动，变动幅度较大；化石燃料用地的均衡因子在 0.4 ~ 0.68 变动；建设用地的均衡因子在 3.81 ~ 5.71 变动。

三、生态足迹法计算结果与分析

（一）生态足迹

根据生态足迹的计算公式，计算 1978—2017 年盐池县六类土地的生态足迹。计算中，均衡因子 r 采用上述计算结果，具体生态足迹的计算结果如表 4.20 至表 4.25、图 4.2 至图 4.7 所示。

表 4.20　1978—2017 年盐池县耕地生态足迹

年份	人口数（万人）	人均耕地面积（hm²/人）	均衡因子	人均生态足迹（hm²/人）	总生态足迹（hm²）
1978	10.82	0.15	4.06	0.59	64236.08
1980	11.44	0.16	4.38	0.70	79893.62
1985	12.72	0.20	4.29	0.86	108962.10
1990	14.00	0.16	5.48	0.88	123462.21
1995	14.61	0.14	5.71	0.82	119623.84
2000	15.21	0.13	4.69	0.62	94546.10
2005	16.51	0.19	4.08	0.77	127072.21
2010	14.68	0.26	5.22	1.34	197278.85
2015	15.40	0.30	3.81	1.13	174505.40
2016	15.57	0.23	5.38	1.21	188626.61
2017	15.74	0.18	5.42	0.99	155304.73

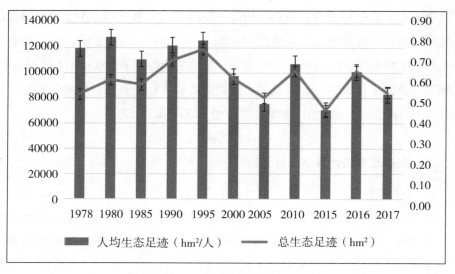

图 4.2 1978—2017 年盐池县耕地生态足迹

由表 4.20 和图 4.2 可以看出，1978—2005 年盐池县人口数呈增长趋势，人数从 2005 年至 2010 年略有下降，从 2010 年至 2017 年略有增长。从盐池县的耕地生态足迹可以看出，耕地的生态足迹是波动的，总体表现为增长水平。在耕地的人均生态足迹方面，1978 年最小，为 0.59hm²/人，2010 年处于最大值，为 1.34hm²/人，过去的 40 年间，耕地的人均生态足迹有时减少有时增加，截至 2017 年，人均生态足迹为每人 0.99hm²，相比于 2010 年，下降幅度为 26.12%。从耕地总生态足迹来看，盐池县耕地总生态足迹从 1978 年至 2017 年波动幅度较大，1978—1990 年始终在上升，1990—2000 年耕地的总生态足迹减少，2000—2010 年增长，2010—2015 年减少，2015—2016 年增长，2016—2017 年减少。1978 年盐池县耕地的总生态足迹处于 40 年间最小值，为 64236.08hm²，2010 年耕地的总生态足迹达到最大值，为 197278.85hm²。40 年间盐池县耕地总生态足迹的两次最大值分别是 1990 年的 123462.21hm² 和 2010 年的 197278.85hm²。

表 4.21 1978—2017 年盐池县林地生态足迹

年份	人口数（万人）	人均耕地面积（hm²/人）	均衡因子	人均生态足迹（hm²/人）	总生态足迹（hm²）
1978	10.82	0.26	4.19	1.08	117095.14
1980	11.44	0.26	4.17	1.07	122277.33
1985	12.72	0.24	4.15	0.98	124403.50
1990	14.00	0.22	3.21	0.69	97084.41
1995	14.61	0.21	2.95	0.62	90591.74
2000	15.21	0.20	3.15	0.64	97730.96
2005	16.51	0.19	3.40	0.65	107183.06
2010	14.68	0.22	2.84	0.62	90904.54
2015	15.40	0.21	3.01	0.63	97003.24
2016	15.57	0.21	2.00	0.42	65971.37
2017	15.74	0.24	1.64	0.39	60966.27

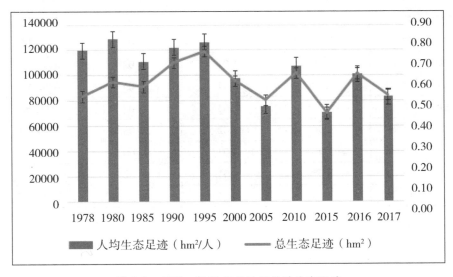

图 4.3 1978—2017 年盐池县林地生态足迹

同样，由表 4.21 和图 4.3 可以看出，盐池县林地的生态足迹呈小幅波动，整体表现为下降趋势。在林地人均生态足迹方面，2017 年最小，为 0.39hm²/

人，1978 年处于最大值，为 1.08hm^2/人，过去的 40 年间，林地的人均生态足迹有时减少有时增加。2017 年相比于 1978 年，下降幅度为 63.89%。从林地的生态足迹总量上看，1978—2017 年盐池县林地生态足迹总量波动幅度不大，1978—1985 年林地总生态足迹上升，从 1985—1995 年，林地的总生态足迹减少，1995—2005 年增长，2005—2010 年减少，2010—2015 年增长，2015—2017年减少。1985 年盐池县林地的总生态足迹处于 40 年间最大值，为 124403.50hm^2，2017 年林地的总生态足迹为最小值，为 60966.27hm^2。40 年来，盐池县林地总生态足迹的两次最大值分别是 1985 年的 124403.50hm^2 和 2005 年的 107183.06hm^2。

表 4.22　1978—2017 年盐池县草地生态足迹

年份	人口数 （万人）	人均耕地面积 （hm^2/人）	均衡因子	人均生态足迹 （hm^2/人）	总生态足迹 （hm^2）
1978	10.82	2.12	0.00	0.01	813.35
1980	11.44	2.49	0.00	0.01	1036.56
1985	12.72	2.30	0.00	0.01	1299.07
1990	14.00	2.25	0.00	0.01	1434.06
1995	14.61	3.30	0.01	0.02	3040.46
2000	15.21	2.59	0.01	0.03	4362.82
2005	16.51	2.74	0.03	0.08	12437.68
2010	14.68	2.96	0.02	0.06	8174.70
2015	15.40	2.40	0.03	0.06	9822.42
2016	15.57	2.37	0.01	0.02	2860.35
2017	15.74	2.43	0.14	0.34	52746.30

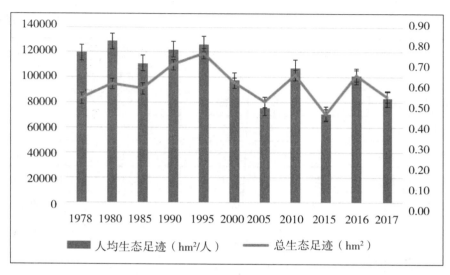

图 4.4　1978—2017 年盐池县草地生态足迹

由表 4.22 和图 4.4 同样可以看出，盐池县草地的生态足迹呈小幅波动，整体表现为上升水平。从草地人均生态足迹来看，1978—1990 年基本稳定在 0.01hm²/人左右，2017 年最大，为 0.34hm²/人。从草地的生态足迹总量上看，1978—2017 年盐池县草地生态足迹总量变化波动幅度较大，1978—2005 年草地总生态足迹上升，从 1978 年 813.35hm² 增长到 2005 年 12437.68hm²，2005—2010 年有所下降，2010—2015 年有所上升，2015—2016 年有所下降，2016—2017 年又有所上升。2017 年盐池县草地的总生态足迹处于 40 年间最大值，为 52746.30hm²，1978 年草地的总生态足迹为最小值，为 813.35hm²。40 年间盐池县草地总生态足迹的两次最大值分别是 2005 年的 12437.68hm² 和 2017 年的 52746.30hm²。

表 4.23　1978—2017 年盐池县水域生态足迹

年份	人口数（万人）	人均耕地面积（hm²/人）	均衡因子	人均生态足迹（hm²/人）	总生态足迹（hm²）
1978	10.82	0.96	0.62	0.59	64101.52
1980	11.44	0.94	0.88	0.82	93814.00
1985	12.72	1.60	1.29	2.08	264123.21

续表

年份	人口数（万人）	人均耕地面积（hm²/人）	均衡因子	人均生态足迹（hm²/人）	总生态足迹（hm²）
1990	14.00	2.15	0.39	0.83	116111.67
1995	14.61	2.09	0.44	0.91	133603.42
2000	15.21	1.35	0.48	0.64	97815.76
2005	16.51	1.25	5.05	6.33	1045170.60
2010	14.68	2.74	0.59	1.63	238609.66
2015	15.40	2.64	3.11	8.23	1267540.93
2016	15.57	2.61	3.88	10.14	1578356.89
2017	15.74	0.43	6.01	2.56	402970.31

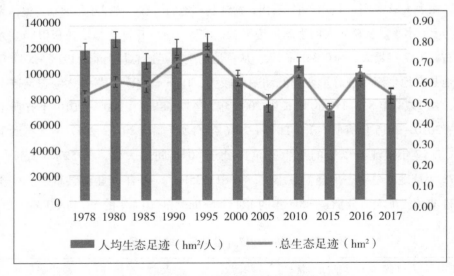

图 4.5　1978—2017 年盐池县水域生态足迹

由表 4.23 和图 4.5 的计算结果可以看出，盐池县水域的生态足迹不断波动，整体表现为上升水平。从水域人均生态足迹的变化来看，1978 年最小，为 0.59hm²/人，2016 年最大，为 10.14hm²/人。截至 2017 年，人均生态足迹为

2.56hm²/人。从水域的生态足迹总量来看，1978—2017 年盐池县水域生态足迹总量变化波动幅度较大，1978—1985 年水域总生态足迹上升，1985—1990 年水域总生态足迹下降，1990—1995 年水域总生态足迹上升，1995—2000 年水域总生态足迹下降，2000—2005 年，水域总生态足迹有所增长，2005—2010 年降低，2010—2016 年增加，2016—2017 年水域总生态足迹下降。2016 年盐池县水域的总生态足迹处于 40 年间最大值，为 1578356.89hm²，1978 年水域的总生态足迹为最小值，为 64101.52hm²。40 年间盐池县水域总生态足迹的三次最大值分别是 1985 年的 264123.21hm²、2005 年的 1045170.60hm² 和 2016 年的 1578356.89hm²。

表 4.24　1978—2017 年盐池县化石燃料用地生态足迹

年份	人口数（万人）	人均耕地面积（hm²／人）	均衡因子	人均生态足迹（hm²／人）	总生态足迹（hm²）
1978	10.82	2.38	0.68	1.61	173724.22
1980	11.44	2.74	0.65	1.78	203052.87
1985	12.72	2.54	0.65	1.66	210637.67
1990	14.00	2.47	0.52	1.28	179234.24
1995	14.61	3.51	0.48	1.70	247850.12
2000	15.21	2.80	0.56	1.58	239786.28
2005	16.51	2.93	0.63	1.83	302495.37
2010	14.68	3.18	0.50	1.60	235443.50
2015	15.40	2.61	0.62	1.61	247482.08
2016	15.57	2.58	0.40	1.03	160779.06
2017	15.74	2.66	0.43	1.14	179133.05

在化石燃料用地生态足迹方面，由表 4.24 和图 4.6 可以看出，盐池县化石

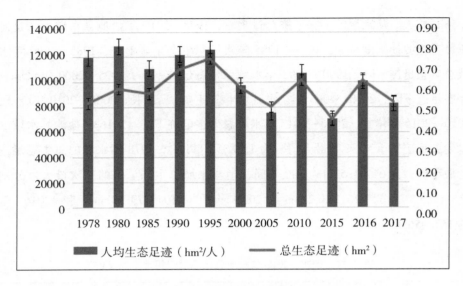

图4.6 1978—2017年盐池县化石燃料用地生态足迹

燃料用地的生态足迹呈小幅波动，整体表现为下降趋势。在人均化石燃料用地生态足迹上，2016年最小，为1.03hm²/人，2005年处于最大值，为1.83hm²/人。2017年相比于1978年，下降幅度为29.19%。从化石燃料用地总生态足迹来看，盐池县化石燃料用地的总生态足迹在1978年至2017年波动幅度很小，1978—1985年化石燃料用地总生态足迹上升，1985—1990年化石燃料用地总生态足迹下降，1990—1995年化石燃料用地总生态足迹有所上涨，1995—2000年小幅下降，2000—2005年有所上涨，2005—2010年下降，2010—2015年上涨，2015—2016年下降，2016—2017年上涨。2005年盐池县化石燃料用地的总生态足迹在40年中是最大的，为302495.37hm²，1978年化石燃料用地的总生态足迹最小，为173724.22hm²。

表4.25 1978—2017年盐池县建设用地生态足迹

年份	人口数 （万人）	人均耕地面积 （hm²/人）	均衡因子	人均生态足迹 （hm²/人）	总生态足迹 （hm²）
1978	10.82	0.19	4.06	0.77	83306.34
1980	11.44	0.19	4.38	0.83	94628.51

续表

年份	人口数 （万人）	人均耕地面积 （hm²/人）	均衡因子	人均生态足迹 （hm²/人）	总生态足迹 （hm²）
1985	12.72	0.17	4.29	0.71	90946.30
1990	14.00	0.14	5.48	0.79	110089.31
1995	14.61	0.14	5.71	0.81	118787.87
2000	15.21	0.13	4.69	0.63	95581.56
2005	16.51	0.12	4.08	0.49	80371.23
2010	14.68	0.13	5.22	0.69	101743.92
2015	15.40	0.12	3.81	0.46	70244.64
2016	15.57	0.12	5.38	0.65	101303.86
2017	15.74	0.10	5.42	0.53	84113.68

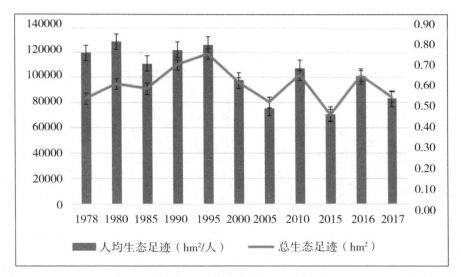

图4.7　1978—2017年盐池县建设用地生态足迹

另外，由表4.25和图4.7可以看出，盐池县建设用地的生态足迹呈小幅波动，整体表现为下降水平。在建设用地人均生态足迹方面，2015年最小，为0.46hm²/人，1980年为最大，为0.83hm²/人，40年间建设用地的人均生态足迹减少和增加交替出现，截至2017年，人均生态足迹为0.53hm²/人，相比于1978年，下降幅度为 31.17%。从建设用地生态足迹总量来看，盐池县建设用地总生态足迹在 1978 年至 2017 年波动幅度较小，1978—1980 年上升，1980—1985 年建设用地总生态足迹下降，1985—1995 年建设用地总生态足迹上升，1995—2005 年建设用地总生态足迹下降，2005—2010 年增长，2010—2015 年降低，2015—2017 年，先上涨，后下降。1995 年盐池县建设用地的总生态足迹处于 40 年间最大值，为 118787.87hm²，2005 年建设用地的总生态足迹为最小值，为 80371.23hm²。1978—2017 年盐池县建设用地的总生态足迹的最大值分别出现在 1995 年、2010 年和 2016 年，总生态足迹值分别为 118787.87hm²、101743.92hm² 和 101303.86hm²。

（二）生态承载力

同样，在计量盐池县六类土地的生态承载力时，均衡因子 r 采用前面计算的均衡因子值，产量因子采用 1993 年瓦克纳格尔计算的我国生态足迹时所使用的产量因子的数值（Wackernagel，1999），具体计算结果见表 4.26 到表 4.31。

表 4.26 1978—2017 年盐池县耕地生态承载力

年份	人口数 （万人）	人均耕地面积 （hm²/人）	均衡因子	产量因子	人均生态承载力 （hm²/人）	总生态承载力 （hm²）
1978	10.82	0.15	4.06	1.82	1.08	116909.67
1980	11.44	0.16	4.38	1.82	1.27	145406.39
1985	12.72	0.20	4.29	1.82	1.56	198311.03
1990	14.00	0.16	5.48	1.82	1.60	224701.21
1995	14.61	0.14	5.71	1.82	1.49	217715.39
2000	15.21	0.13	4.69	1.82	1.13	172073.90
2005	16.51	0.19	4.08	1.82	1.40	231271.43
2010	14.68	0.26	5.22	1.82	2.45	359047.51
2015	15.40	0.30	3.81	1.82	2.06	317599.83
2016	15.57	0.23	5.38	1.82	2.20	343300.43
2017	15.74	0.18	5.42	1.82	1.80	282654.61

由表 4.26 可以看出，1978—2017 年盐池县耕地的人均生态承载力与人均

耕地面积的变化趋势基本一致，但波动幅度更大，趋势更明显。其中，2010年人均耕地的生态承载力最高，为 2.45hm²/人，最低值出现在 1978 年，为 1.08hm²/人。1978—2017 年人均的耕地生态承载力均值为 1.64hm²/人，比这个数值高的年份有 4 个。截至 2017 年，盐池县人均的耕地生态承载力为 1.8hm²/人，相比于 2016 年有所下降。另外，盐池县耕地的总生态承载力变化趋势相对比较明显，在 40 年间波动上升，1978—2017 年盐池县耕地的总生态承载力均值为 2608991.41hm²，最大值出现在 2010 年，总生态承载力为 359047.51hm²，最小值在 1978 年，总生态承载力为 116909.67hm²，截至 2017 年，耕地的总生态承载力为 282654.61hm²。

表 4.27　1978—2017 年盐池县林地生态承载力

年份	人口数 （万人）	人均耕地 面积 （hm²/人）	均衡因子	产量因子	人均生态 承载力 （hm²/人）	总生态 承载力 （hm²）
1978	10.82	0.26	4.19	0.91	0.99	106556.57
1980	11.44	0.26	4.17	0.91	0.97	111272.37
1985	12.72	0.24	4.15	0.91	0.89	113207.19
1990	14.00	0.22	3.21	0.91	0.63	88346.81
1995	14.61	0.21	2.95	0.91	0.56	82438.48
2000	15.21	0.20	3.15	0.91	0.58	88935.18
2005	16.51	0.19	3.40	0.91	0.59	97536.59
2010	14.68	0.22	2.84	0.91	0.56	82723.13
2015	15.40	0.21	3.01	0.91	0.57	88272.95
2016	15.57	0.21	2.00	0.91	0.39	60033.95
2017	15.74	0.24	1.64	0.91	0.35	55479.30

由表 4.27 也可以看出，1978—2017 年，盐池县林地的人均生态承载力不断波动变化，波动幅度不大。其中，林地的人均生态承载力最大值出现在 1978年，为 0.99hm²/人，最小值出现在 2017 年，为 0.35hm²/人。1978—2017 年林地的人均生态承载力平均值为 0.64hm²/人，超过这一数值的年份有 3 个。2017

年人均林地生态承载力相比于 2016 年有所下降。此外，盐池县总林地生态承载力变化趋势比较明显，在 40 年间波动下降，1978—2017 年盐池县林地的总生态承载力均值为 974802.52hm²，最大值出现在 1985 年，总生态承载力达到了 113207.19hm²，最小值在 2017 年，总生态承载力为 55479.30hm²。

表 4.28　1978—2017 年盐池县草地生态承载力

年份	人口数 （万人）	人均耕地 面积 （hm²/人）	均衡因子	产量因子	人均生态 承载力 （hm²/人）	总生态 承载力 （hm²）
1978	10.82	2.12	0.00	0.19	0.00	154.54
1980	11.44	2.49	0.00	0.19	0.00	196.95
1985	12.72	2.30	0.00	0.19	0.00	246.82
1990	14.00	2.25	0.00	0.19	0.00	272.47
1995	14.61	3.30	0.01	0.19	0.00	577.69
2000	15.21	2.59	0.01	0.19	0.01	828.93
2005	16.51	2.74	0.03	0.19	0.01	2363.16
2010	14.68	2.96	0.02	0.19	0.01	1553.19
2015	15.40	2.40	0.03	0.19	0.01	1866.26
2016	15.57	2.37	0.01	0.19	0.00	543.47
2017	15.74	2.43	0.14	0.19	0.06	10021.80

同样，由表 4.28 可以看出，盐池县草地的人均面积从 1978 年至 2017 年在不断变化，人均生态承载力的值比较稳定。其中，草地的人均生态承载力最大值出现在 2017 年，为 0.06hm²/人。1978—2017 年人均草地生态承载力的均值为 0.01hm²/人，比这一数值多的年份有 5 个，2017 年相比于 2016 年有所上升。另外，盐池县草地的总生态承载力变化趋势比较明显，在 40 年间波动上升，1978—2017 年盐池县草地的总生态承载力均值为 1693.21hm²，最大值出现在 2017 年，总生态承载力为 10021.80hm²，最小值出现在 1978 年，总生态承载力为 154.54hm²，截至 2017 年，草地的总生态承载力为 10021.80hm²。

表4.29　1978—2017年盐池县水域生态承载力

年份	人口数 （万人）	人均耕地 面积 （hm²/人）	均衡因子	产量因子	人均生态 承载力 （hm²/人）	总生态 承载力 （hm²）
1978	10.82	0.96	0.62	1.00	0.59	64101.52
1980	11.44	0.94	0.88	1.00	0.82	93814.00
1985	12.72	1.60	1.29	1.00	2.08	264123.21
1990	14.00	2.15	0.39	1.00	0.83	116111.67
1995	14.61	2.09	0.44	1.00	0.91	133603.42
2000	15.21	1.35	0.48	1.00	0.64	97815.76
2005	16.51	1.25	5.05	1.00	6.33	1045170.60
2010	14.68	2.74	0.59	1.00	1.63	238609.66
2015	15.40	2.64	3.11	1.00	8.23	1267540.93
2016	15.57	2.61	3.88	1.00	10.14	1578356.89
2017	15.74	0.43	6.01	1.00	2.56	402970.31

由表4.29可以看出，1978—2017年，盐池县水域的人均生态承载力与人均水域面积的变化趋势基本一致，但波动幅度较大，趋势更明显。其中，水域的人均生态承载力最大值出现在2016年，为10.14hm²/人，最小值出现在1978年，为0.59hm²/人。1978年至2017年人均水域生态承载力平均值为3.16hm²/人，比平均水平高的年份有3个。截至2017年，盐池县人均水域生态承载力为2.56hm²/人。另外，盐池县水域的总生态承载力变化趋势相对比较明显，在40年间波动上升，1978—2017年，盐池县水域总生态承载力均值为482019.81hm²，最大值出现在2016年，总生态承载力为1578356.89hm²，最小值在1978年，总生态承载力为64101.52hm²，截至2017年，盐池县水域总生态承载力为402970.31hm²。

表 4.30　1978—2017 年盐池县化石燃料用地生态承载力

年份	人口数 （万人）	人均耕地 面积 （hm²/人）	均衡因子	产量因子	人均生态 承载力 （hm²/人）	总生态 承载力 （hm²）
1978	10.82	2.38	0.68	1.00	1.61	173724.22
1980	11.44	2.74	0.65	1.00	1.78	203052.87
1985	12.72	2.54	0.65	1.00	1.66	210637.67
1990	14.00	2.47	0.52	1.00	1.28	179234.24
1995	14.61	3.51	0.48	1.00	1.70	247850.12
2000	15.21	2.80	0.56	1.00	1.58	239786.28
2005	16.51	2.93	0.63	1.00	1.83	302495.37
2010	14.68	3.18	0.50	1.00	1.60	235443.50
2015	15.40	2.61	0.62	1.00	1.61	247482.08
2016	15.57	2.58	0.40	1.00	1.03	160779.06
2017	15.74	2.66	0.43	1.00	1.14	179133.05

　　由表 4.30 的计算结果可以看出，1978—2017 年盐池县化石燃料用地的人均生态承载力不断变化。其中，2005 年，化石燃料用地的人均生态承载力最大，为 1.83hm²/人，最低值出现在 2016 年，为 1.03hm²/人。1978—2017 年化石燃料用地的人均生态承载力的均值为 1.53hm²/人，超过这一平均值的年份有 8 个。截至 2017 年，盐池县人均的化石燃料用地生态承载力为 1.14hm²/人，相比于2016 年有所上升。此外，盐池县总的化石燃料土地生态承载力变动趋势相对较为明显，在 40 年间波动上升，1978—2017 年盐池县化石燃料用地的总生态承载力均值为 216328.95hm²，最大值出现在 2005 年，总生态承载力为 302495.37hm²，最小值在 2016 年，总生态承载力为 160779.06hm²。

表 4.31　1978—2017 年盐池县建设用地生态承载力

年份	人口数 （万人）	人均耕地 面积 （hm²/人）	均衡因子	产量因子	人均生态 承载力 （hm²/人）	总生态 承载力 （hm²）
1978	10.82	0.19	4.06	1.80	1.39	149951.41

年份	人口数 （万人）	人均耕地 面积 （hm²/人）	均衡因子	产量因子	人均生态 承载力 （hm²/人）	总生态 承载力 （hm²）
1980	11.44	0.19	4.38	1.80	1.49	170331.32
1985	12.72	0.17	4.29	1.80	1.29	163703.34
1990	14.00	0.14	5.48	1.80	1.42	198160.76
1995	14.61	0.14	5.71	1.80	1.46	213818.16
2000	15.21	0.13	4.69	1.80	1.13	172046.82
2005	16.51	0.12	4.08	1.80	0.88	144668.21
2010	14.68	0.13	5.22	1.80	1.25	183139.06
2015	15.40	0.12	3.81	1.80	0.82	126440.35
2016	15.57	0.12	5.38	1.80	1.17	182346.94
2017	15.74	0.10	5.42	1.80	0.96	151404.63

最后，由表4.31的计算结果可以看出，1978—2017年盐池县建设用地的人均生态承载力与人均建设用地面积的变化趋势基本一致，但波动幅度较大，趋势更加明显。其中，建设用地人均生态承载力最大值出现在1980年，为1.49hm²/人，最小值出现在2015年，为0.82hm²/人。1978—2017年人均建设用地生态承载力平均值为1.2hm²/人，比这一数值高的年份有6个。截至2017年，盐池县人均建设用地生态承载力为0.96hm²/人，低于2016年的数值。另外，盐池县建设用地的总生态承载力变动趋势比较明显，在40年间波动上升，1978—2017年盐池县建设用地的总生态承载力均值为168728.27hm²，最大值出现在1995年，总生态承载力为213818.16hm²，最小值在2015年，总生态承载力为126440.35hm²。

（三）生态赤字/生态盈余

在计算人均生态足迹和生态承载力的基础上，计算盐池县的人均生态赤字和生态盈余。具体计算结果见表4.32。

表 4.32 1978—2017 年盐池县人均生态盈亏

年份	人均生态足迹 （hm²/人）	人均生态承载力 （hm²/人）	人均生态盈余 （hm²/人）	年变化率 （%）
1978	4.65	5.65	1.00	–
1980	5.20	6.33	1.13	13
1985	6.29	7.47	1.18	4
1990	4.48	5.76	1.28	9
1995	4.88	6.13	1.25	-2
2000	4.14	5.07	0.93	-25
2005	10.14	11.04	0.90	-3
2010	5.94	7.50	1.56	73
2015	12.12	13.31	1.19	-24
2016	13.47	14.93	1.46	23
2017	5.94	6.87	0.93	-36

由表 4.32 的计算结果可以看出，盐池县人均生态承载力始终高于人均生态足迹，始终处于生态盈余状态，但人均生态盈余始终处于波动状态。具体来说，1978—1990 年，人均生态盈余处于增长趋势，从 1hm²/人增长到 1.28hm²/人，其中 1980 年的增长率达到 18%；1990—2005 年，人均生态盈余处于下降趋势，从 1.28hm²/人减少到 0.9hm²/人；2005—2010 年，人均生态盈余处于增长趋势，从 0.9hm²/人增长到 1.56hm²/人，2010 年增长率高达 73%；2010—2015 年，人均生态盈余处于下降趋势，从 1.56hm²/人减少到 1.19hm²/人；2015—2016 年人均生态盈余在增加，2016—2017 年却在减少。从整体上来说，2010 年盐池县人均生态盈余最高，为 1.56hm²/人，2005 年最低，为 0.9hm²/人，截至 2017 年，盐池县人均生态盈余为 0.93hm²/人，相比于 1978 年下降了 7%。

盐池县生态盈余基本情况与盐池县经济发展阶段相对应，符合近年来盐池县重大发展战略的转变，这也表明盐池县荒漠化治理工程是可持续发展的，反映了荒漠化治理工程的真实情况。

（四）单位生态足迹 GDP 产出

为了进一步反映盐池县荒漠化治理工程的生态产出情况，计算盐池县单位生态足迹 GDP 产出，具体计算结果见表 4.33。

表 4.33 1978—2017 年盐池县单位生态足迹 GDP 产出

年份	GDP （万元）	总生态足迹 （hm²）	单位生态足迹 GDP 产出 （万元/hm²）	年变化率 （%）
1978	79200	503276.64	0.16	—
1980	87100	594702.89	0.15	−7
1985	92800	800371.85	0.12	−21
1990	96300	627415.90	0.15	32
1995	100600	713497.44	0.14	−8
2000	101300	629823.48	0.16	14
2005	98800	1674730.16	0.06	−63
2010	270000	872155.18	0.31	425
2015	639400	1866598.71	0.34	11
2016	722100	2097898.15	0.34	0
2017	855300	935234.34	0.91	166

由表 4.33 计算结果可以看出，1978—2000 年，盐池县 GDP 持续增长，由
79200 万元增长到 101300 万元；2000—2005 年盐池县 GDP 出现小幅下降，
2005—2017 年盐池县 GDP 增长迅猛，由 98800 万元增长到 855300 万元，增幅高
达 766%。总生态足迹整体上呈增长趋势，中间有小幅波动，其中 2016 年总生
态足迹最大，为 2097898.15hm²，1978 年总生态足迹最小，为 503276.64hm²。

在单位生态足迹 GDP 产出方面，1978—2000 年，盐池县单位生态足迹 GDP
产出基本维持在 0.15 万元/hm² 的水平上，2005 年减少至 0.06 万元/hm²，2010
年增长至 0.31 万元/hm²，2017 年增长至 0.91 万元/hm²。盐池县单位生态足迹
GDP 产出呈现波动增加趋势。这一变化趋势与盐池县的社会经济发展趋势是一
致的。2005 年以后，盐池县经济水平得到迅速发展，同时，盐池县在促进经济
发展的同时，加强环境改善，以建成高标准的国家级生态示范县为目的，坚持
科技振兴林业、依法治理林地，不断加大科学技术的投入，加快种植业结构调
整步伐，近 40 年依托退耕还林、三北四期防护林建设、天然林保护等工程的实

施，结合山区放牧禁令措施等，生态环境建设取得了巨大成就，生态环境在很大程度上得到改善，单位生态足迹的 GDP 产出也不断提高，资源的利用率不断提升，工农业能耗不断下降，科技要素投入比例逐步提高，产业结构更加平衡，投入产出率持续上升。

（五）生态可持续发展指数

同样，根据生态可持续发展指数计算公式，计量盐池县 1978—2017 年生态可持续发展指数（E - index），具体计算结果见表 4.34。

表 4.34　1978—2017 年盐池县生态可持续发展指数

年份	人均生态足迹 （hm²/人）	人均生态承载力 （hm²/人）	生态可持续发展指数 （E - index）
1978	4.65	5.65	0.45
1980	5.20	6.33	0.45
1985	6.29	7.47	0.46
1990	4.48	5.76	0.44
1995	4.88	6.13	0.44
2000	4.14	5.07	0.45
2005	10.14	11.04	0.48
2010	5.94	7.50	0.44
2015	12.12	13.31	0.48
2016	13.47	14.93	0.47
2017	5.94	6.87	0.46

由表 4.34 计算结果可以看出，盐池县生态可持续发展指数（E - index）一直维持在 0.45 左右，根据生态可持续发展指数分级标准，E - index 为 0.3～0.5 时，为弱可持续发展状态（叶田、杨海真，2010）。因此，从 1978—2017 年盐池县生态可持续发展指数计算结果来看，盐池县荒漠化治理工程处于弱可持续发展状态。事实上，该县人均生态足迹和人均生态承载力在 40 年间的变化程度几乎相同，资源消耗 2000—2005 年有所增加，各类土地生态足迹有所提高，但 2017 年后资源消耗开始降低，资源的投入产出比率也逐步提高，在整体上，自

然资源利用率出现增高的趋势，生态压力变小，因而生态可持续发展程度一直比较稳定，并没有大的变化。因此，今后应继续提高资源的投入产出比，减小资源消耗，扩大资源的承载力，维持和促进盐池县生态可持续发展水平的不断提高。

（六）生态多样性指数

根据生态足迹计算方法中的生态多样性计算公式，计量1978—2017年盐池县生态多样性指数，具体计算结果见表4.35。

表4.35　1978—2017年盐池县生态多样性指数

年份	H	年份	H
1978	2.39	2005	2.94
1980	2.40	2010	3.52
1985	2.41	2015	3.33
1990	3.11	2016	4.01
1995	3.39	2017	4.08
2000	3.18		

由表4.35的计算结果可以看出，盐池县的生态多样性指数自1978年以来始终处于上升趋势，由1978年的2.39增长到2017年的4.08，年均增长1.38%。这说明盐池县自20世纪80年代以来，生态足迹内的土地多样性比较合理，盐池县区域内土地发展比较稳定，土地利用的公平度保持比较好，即便是在经济快速发展时期，也能保持不同类型的土地利用，进行适度土地资源开发，没有对自然资源和环境过度消耗，且随着荒漠化治理工程持续不断的加强，生态足迹基本平衡，整个系统比较稳定。

（七）生态协调指数

生态协调指数主要用来评估评价区域经济社会发展与资源环境的协调关系，它的区间范围为(1，1.41)。当生态协调指数(DS)趋近于1时，反映出区域资源需求大于供给，生态与社会经济发展处于不良协调状态；当DS趋近于1.41时，表明区域资源需求小于供给，生态与社会经济发展处于协调状态，区域可持续发展水平较高。计量 1978—2017 年盐池县生态协调指数，具体计算结果如表 4.36 所示。

表 4.36 1978—2017 年盐池县生态协调指数

年份	人均生态足迹（hm²/人）	人均生态承载力（hm²/人）	DS
1978	4.65	5.65	1.408
1980	5.20	6.33	1.407
1985	6.29	7.47	1.409
1990	4.48	5.76	1.403
1995	4.88	6.13	1.405
2000	4.14	5.07	1.407
2005	10.14	11.04	1.413
2010	5.94	7.50	1.405
2015	12.12	13.31	1.413
2016	13.47	14.93	1.412
2017	5.94	6.87	1.411

由表 4.36 计算结果可知，1978—2017 年，盐池县生态协调指数在 1.41 附近波动，表明盐池县资源供给能够满足生态需求，生态与社会经济发展处于协调状态，区域可持续发展水平比较稳定。因此，为了进一步促进盐池县荒漠化治理工程可持续发展水平，有必要继续扩大盐池县资源供给水平，全面贯彻落实"生态盐池"的建设战略，促进可持续发展水平的提高。

第四节 相关结论

通过对盐池县 1978—2017 年土地资源供给与需求的可持续性、生态与社会经济系统的协调性研究和综合评价得出如下结论：

一、荒漠化治理工程综合效益不断提高

盐池县荒漠化治理工程综合效益不断提高，并经历了三个阶段。1978 年，盐池县荒漠化治理的综合效益为 0.16，按照荒漠化治理综合效益评价分类，综合效益属于"差"级别。1985 年，盐池县荒漠化治理的综合效益评价值有所提高，为 0.21，但综合效益仍属于"较差"级别。2000 年，综合效益评价值为 0.29，评价级别依然属于"较差"级别。从 1978—2000 年，盐池县荒漠化治理工程的综合效益不断提高，综合效益提高了 71%，但从评价分类级别上来说，均属于"差"和"较差"级别，也是综合效益提高的第一阶段。该阶段综合效益有所提高，但提高幅度不大，持续时间较长。

第二阶段为综合效益稳步提高阶段。2000 年后，国家实施了退耕还林工程、三北防护林四期工程、天然林保护工程等。这几项工程的实施，宁夏自治区累计造林面积约为 60 多万 hm^2，封山育林面积约为 10 万 hm^2，对宁夏的荒漠化治理起到了积极的促进作用。盐池县也是如此，2003 年，盐池县荒漠化治理工程综合效益评估值为 0.33，从评价分类级别来说还属于"较不稳定"的状态。2004 年，综合效益评估值为 0.4，2005 年，评估值变为 0.43，治理效果由原来的评价分类级别"较差"类型逐步向"中等"过渡。因此，2001—2005 年为综合效益稳步提高阶段。

2006—2013 年为综合效益持续增长阶段。2006 年，盐池县荒漠化治理工程综合效益评估值为 0.45，为"中等"级别。2012 年，荒漠化治理的综合效益评估值为 0.6，初步达到了"良好"的状态。到 2013 年，综合效益评估值达到了 0.62，约为 1978 年的 3.87 倍。该阶段荒漠化治理工程的综合效益评估值持续增长，评价级别也出现了质的飞跃，由"中等"级别上升到"良好"级别。说明盐池县通过 40 多年的荒漠化治理，取得了较为稳定的生态、经济和社会效益，为盐池县的可持续发展奠定了良好的基础。

二、人均生态足迹处于生态盈余状态

盐池县荒漠化治理工程的人均生态足迹处于生态盈余状态，总体呈现增长趋势。

通过对盐池县 1978—2017 年荒漠化治理工程的生态足迹的评价可以看出：1978—1990 年，盐池县人均生态足迹处于生态盈余状态，呈现增长趋势，人均生态盈余由 1hm²/人增长到 1.28hm²/人，其中 1980 年的增长率达到 18%。1990—2005 年，人均生态足迹的盈余呈下降趋势，人均生态盈余由 1.28hm²/人降为 0.9hm²/人；2005—2010 年，人均生态盈余由 0.9hm²/人增长到 1.56hm²/人，处于增长趋势；2010—2015 年，人均生态盈余又从 1.56hm²/人降为 1.19hm²/人，处于下降趋势；2016—2017 年，人均生态盈余又出现了上涨。总的来说，盐池县 1978—2017 年荒漠化治理工程的人均生态足迹处于生态盈余状态，虽然呈现波动变化，但总体呈现增长趋势。2010 年人均生态盈余最高，为 1.56hm²/人，2005 年人均生态盈余最低，为 0.9hm²/人。相关波动也可分为三个阶段，依次为 1978—1990 年、1991—2005 年、2006—2017 年，这些波动总体趋势是增加的，比较客观地反映了荒漠化治理工程的政策变化情况。

三、生态经济处于协调、平衡状态

盐池县生态经济协调性较好，二者基本上处于平衡状态。通过对 1978—2017 年盐池县荒漠化治理工程的单位生态足迹 GDP 产出、生态可持续发展指数、生态经济系统协调指数等计算可以看出，盐池县单位生态足迹 GDP 产出呈现波动增长，1978—2000 年单位生态足迹 GDP 产出基本维持在 0.15 万元/hm² 的水平上，2005 年减少到 0.06 万元/hm²，2010 年上涨到 0.31 万元/hm²，2017 年增加到 0.91 万元/hm²，总体呈上升趋势。在生态可持续发展指数计算上，1978—2017 年平均生态可持续发展指数为 0.46，生态可持续发展等级一直为 2，为弱可持续状态，反映了盐池县生态经济系统内生态足迹在自然资源承载力范围内。在经济系统协调指数计算上，生态经济系统协调指数在 1.41 附近波动，也反映了盐池县生态经济协调性较好，二者基本上处于平衡状态。

总之，通过对 1978—2017 年盐池县荒漠化治理工程的综合评价可以看出，盐池县荒漠化治理取得了一定的成绩，生态经济处于协调、平衡、增长的状态，科学进步、产业结构也得到一定的改善，资源投入产出效率也得到明显提高。

第五章

基于生态位适宜度的榆林市防沙治沙综合效益评估

榆林市受其独特的地理位置和自然环境的影响，是我国受荒漠化影响较大的地区之一。根据国家"十三五"规划的要求，在未来的五年中，我国将继续把荒漠化治理作为保护生态环境的重点任务，采取多项措施巩固荒漠化治理的成果。因此，开展榆林市防沙治沙综合效益评估，对我国继续开展好荒漠化治理工作和生态环境保护等具有重要意义。

第一节 榆林市基本概况

榆林市位于中国陕西的最北部，东经 107°28 ~ 111°15′，北纬 36°57′ ~ 39°34′，地处黄土高原和毛乌素沙地的交界处，东临黄河与山西省隔河相望，西连宁夏、甘肃，南接延安，北与鄂尔多斯相连，系陕、甘、宁、内蒙古、晋五省区交界地。全市辖 2 个区、1 个县级市、9 个县，2016 年年末全市常住人口为338.20 万人，是陕西杂粮的主产区。能源矿产资源富集地，有世界七大煤田之一的神府煤田和中国陆地上探明的最大整装气田——陕甘宁气田，被誉为"中国的科威特"。

一、地理特征

榆林市位于陕西省最北部，西边与甘肃、宁夏相邻，北边与内蒙古相连，东边与山西隔黄河相望，南边与陕西省延安市接壤。榆林市地势由西部向东倾斜，西北高，东南低，海拔高度为1000 ~ 1500m。地貌分为风沙草滩区、黄土丘陵沟壑区、梁状低山丘陵区三大类，分别占全市面积的 36.7%、51.75%、11.55%。榆林市大体以长城为界，北部是毛乌素沙漠南缘风沙草滩区，南部是黄土高原腹地，以黄土丘陵沟壑为主。

二、资源特征

(一)矿产资源

榆林辖区内拥有矿产 8 大类 48 种，种类及储量较为丰富，特别是煤炭、石油、天然气、岩盐等能源矿产资源富集(表 5.1)，其中煤炭主要集中在榆阳、神木、府谷、靖边、定边、衡山六县区，天然气主要集中在横山和靖边，石油主要在定边、靖边、横山、子洲四县，岩盐主要分布在榆林、米脂、绥德、佳县、吴堡等地，还有丰富的高岭土、铝土矿、石灰岩、石英砂等资源，区位资源好，开发潜力巨大。

表 5.1　榆林煤、气、油、盐资源总量表(2016 年)

矿种	煤储量(亿 t)	天然气(亿 m³)	石油(亿 t)	岩盐(亿 t)
探明储量	2720	11800	3.6	8857
预测储量	1460	41800	6.0	60000

(二)土地资源

榆林市土地资源较为丰富，2016 年年末人均土地面积 1.12hm²。土地类型多样，全市基本土地类型主要分为风沙地和丘陵沟壑两个大类。其中风沙地主要包括沙丘地、滩地、梁地三种类型，丘陵沟壑包括源地、平梁地、涧地、梁峁地、沟坡地、河道地以及河川地七种类型。通过各地类之间的数量对比关系可知(图 5.1)，沙丘地、梁峁地、沟坡地占比较高。在现有的耕地面积中以旱地为主，特别是南部沟壑丘陵区，土地的生产力相较北部风沙滩区较低。

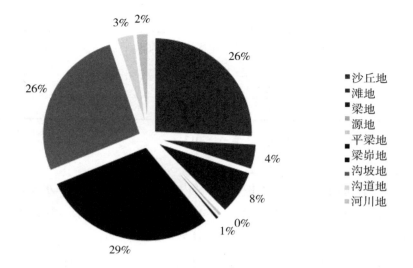

图 5.1　榆林市土地类型统计图(2016 年)

(三)水资源

榆林市水资源分布统计如表 5.2 所示。

表 5.2　榆林水资源分布

河系	市内干流长度 (km)	市内平均径流量 (亿 m³)	年平均输沙量 (亿 t)	常流量 (m³/s)
无定河	475.1	11.80	1.690	
窟野河	142.7		1.420	
秃尾河	133.9	4.00	0.280	
佳芦河	93.0	0.85	0.780	
皇甫川	48.0		0.498	
清水川	47.0			
孤山川	55.6		0.205	
石马川	43.0		0.734	0.7
清涧河	28.7		0.559	

河系	市内干流长度 （km）	市内平均径流量 （亿 m³）	年平均输沙量 （亿 t）	常流量 （m³/s）
八里河	41.0			0.2 – 1
红碱淖	14.3			

数据来源：《榆林市统计年鉴——2017》。

榆林市地表水主要是由外流河和内流河构成，外流河中水面积在 $100km^2$ 以上的河流有 101 条，主要包括 4 河 4 川，全部属黄河水系；内流河主要是定边的八里河和流入红碱淖的河流，另外还有一些较小的内陆湖和泾河、洛河、延河及清涧河的上源。以上河流普遍流域面积不大，流向一致，由北向南逐渐由疏转密；内陆湖主要分为榆神北部和定靖北部两个湖群，大多为滩地凹陷后聚沙丘侧渗水或天然降水而形成。

榆林地下水可分为第四纪潜水、中生代基岩裂隙潜水和承压水三个类型，其形成以大气降水补给为主，地表水及灌溉水参与补给为辅。该区域降水分布不均匀，由南到北呈递减趋势。

三、社会经济概况

（一）人口及经济

榆林市作为陕北地区政治、经济、文化的中心之一，经济发展水平相对较高。2016 年年末，全市总人口 382 万人，其中常住人口 338.20 万人，出生率 11.72‰，死亡率 6.41‰，自然增长率 5.31‰。城镇人口 190.24 万人，占 56.3%；乡村人口 147.96 万人，占 43.8%。2016 年全年生产总值为 2773.05 亿元，比上一年增长 6.5%，其中三大产业结构生产总值的比例为 5.86∶60.75∶33.39，人均生产总值为 81764 元，经济总量连续多年居陕西省第二。2016 年全市居民人均可支配收入 20463 元，比 2015 年增长 8.2%；农村居民人均可支配收入 10582 元，比 2015 年增长 8.0%；城镇居民人均可支配收入 29781 元，比 2015 年增长 7.3%。

（二）农业

1960—2016 年榆林市农林牧渔总产值整体呈直线上升趋势，且从 2006 年开始增幅明显增加，年均增加 20.18 亿元，2016 年全年农林牧渔服务业总产值（282.31 亿元）是 1962 年的 280.54 倍。由于榆林地处毛乌素沙漠和黄土高原交界地带，土壤沙化和水土流失严重，1999 年被国家列为退耕还林实施的重点示范区。从 2000 年至 2011 年，榆林市共退耕还林 99.19 万 hm^2。2011 年造林面积 6.93 万 hm^2，其中，人工造林 6.33 万 hm^2，飞播造林 0.6 万 hm^2。近年来，榆林市新修基本农田 0.67 万 hm^2，治理水土流失面积 1219.7km^2，新建饮水工程 11 处。

（三）工业和建筑业

榆林市工业总产值整体呈现上升趋势，尤其从 2006 年开始，上升速度明显加快，2011 年榆林市完成工业总产值 2661.55 亿元，比 2010 年增长 37.3%，其中规模以上工业总产值 2556.85 亿元，实现增加值 277.09 亿元，对全市经济的贡献率为 83.54%，拉动经济增长 18.7 个百分点，占 GDP 总量的 71.9%，以煤、油、气、盐、电等产业为主导的重工业占全部产值的 98.9%；2011 年实现建筑业总产值 125.1 亿元，比 2010 年增长 14.9%，资质以上建筑企业房屋建筑面积 651.39 万 m^2，与 2010 年同期持平。近年来，榆林市工业总产值有变化，但不同产业产值的相关比例变化不大。

第二节　榆林市防沙治沙工程概述

一、防沙治沙状况

党中央、国务院历来高度重视防沙治沙工作，中华人民共和国成立以后，1949 年首先在河北西部风沙严重的正定县、行唐县、灵寿县等 6 个县连片营造防风固沙林。1978 年，国务院决定在我国西北、华北北部和东北西部风沙危害和水土流失严重地区建设防护林体系，正式纳入国民经济计划。这项大型生态工程被称为"绿色万里长城""世界生态工程之最"。1991 年 10 月 5 日，国家批复了《1991—2000 年全国治沙工程规划要点》，明确了后来的十年任务、建设重点、主要措施和工作方针。从此，我国防沙治沙工作正式作为一个独立的专项工程开始启动。

防沙治沙工程从 1991 年开始到现在，经历了五期，"八五"（1991—1995 年）为第一期，"九五"（1996—2000 年）为第二期，"十五"（2001—2005 年）为第三期，"十一五"（2006—2010 年）为第四期，"十二五"（2011—2015 年）为第五期。全国防沙治沙一期工程规划 10 年（包括"八五"和"九五"两期），完成总任务 718.7 万 hm^2，其中人工造林 174.1 万 hm^2，封沙育林育草 283.1 万 hm^2，飞播造林种草 67.3 万 hm^2，人工种草及改良草场 131.2 万 hm^2，治沙造林及改造低产田 37.3 万 hm^2，种植药材及经济作物 15.2 万 hm^2，开发利用水面 10.1 万 hm^2，其他 0.34 万 hm^2；"十五"期间共完成规划任务 480 万 hm^2，其中人工造林 336 万 hm^2，飞播造林 82 万 hm^2，封山育林 62 万 hm^2；"十一五"期间规划任务 1300 万 hm^2，其中人工造林 714 万 hm^2，飞播造林 313 万 hm^2，封山育林 272 万 hm^2；"十二五"期间特别是党的十八大以来，陕西省防沙治沙进入全面攻坚新阶段，依托京津风沙源治理二期、全面治理荒沙等国家重点生态工程和地方重点治理项目，荒沙治理每年以 7 万 hm^2 速度推进。根据第五次沙化土地监测结果显示，近 5 年，我国沙化土地面积净减少 5.93 万 hm^2，沙化土地年均减少 1.19 万 hm^2，是第四次监测年均减少 0.43 万 hm^2 的 2.78 倍；沙化程度呈现逐步变轻的趋势，极重度、重度和中度分别减少 2.67 万 hm^2、14.09 万 hm^2和 10.09 万 hm^2，其中极重度沙化土地减少 84.25%；陕西省集中连片大规模流动沙地基本得到固定半固定，沙区植被平均覆盖度达到 60%。沙化土地治理进入了"整体好转、局部良性循环"的新阶段。

陕西省荒漠化和沙化土地集中分布在延安以北的榆林地区和北部长城沿线附近，关中平原东部黄河、渭河、洛河三河交汇地带有少量的冲积沙地分布。全省沙化土地涉及榆林市的定边、靖边、横山、榆阳、神木、府谷、佳县、米脂，延安的吴起，渭南的大荔等 10 个县（区），162 个乡（镇），沙化土地面积 143.4 万 hm^2，占全省总土地面积的 6.9%；全省荒漠化土地涉及榆林市的定边、靖边、横山、榆阳、神木、府谷、佳县、绥德、米脂、清涧、子洲及延安市的吴起县共 12 个县（区），170 个乡（镇），荒漠化土地面积为 298.8 万 hm²，占全省总土地面积的 14.5%（据第三次荒漠化监测数据）。其中榆林市的荒漠化、沙化土地面积分别占全省的 99% 以上。全省列入"全国防沙治沙综合示范区"的市、县有榆林全市的 12 县（区）和延安吴起县，共 234 个乡镇。

防沙治沙工程自 1999 年实施以来，国家先后启动实施退耕还林等林业重点工程，使陕西省沙区生态建设进入投资力度最大、推进速度最快、治理成效最好的新阶段，沙区生态状况初步改善。截至目前，共完成防治任务 31.1 万 hm²，占 2006—2008 年中期计划任务 28.32 万 hm² 的 110%，占总任务的 53.6%，其中：榆林市完成 29.78 万 hm² 退耕还林面积，占规划任务的 56%；延安市完成 0.97 万 hm²，占规划任务的 30.8%；渭南市完成 0.35 万 hm²，占规划任务的 21.2%。按防沙治沙治理措施分：林业 18.08 万 hm²，水利 3.36 万 hm²，农业 9.66 万 hm²。全省荒漠化、沙化土地面积大幅度下降，较 1999 年分别减少 12.6 万 hm² 和 2.08 万 hm²，重度、极重度荒漠化面积的比重由 54.8% 下降到 13.4%。沙区造林保存面积累计达到 124.6 万 hm²，林草覆盖率 33.5%。

二、防沙治沙工程建设分区及重点项目

（一）防沙治沙工程建设分区

依据陕西省沙化土地分布区的地形地貌、气候、水文特征和沙化现状，陕西省防沙治沙工程建设划分为长城沿线毛乌素沙地治理区、白于山区荒漠化土地治理区、黄土（丘陵）覆沙治理区和渭河下游沙苑沙地治理区。其中长城沿线毛乌素沙地治理区和黄土（丘陵）覆沙治理区均在榆林市内，白于山治理区划定的三个县区只有吴起县属延安市，其他两个县均在榆林市辖区内，而渭河下游沙苑沙地治理区均在渭南市市内。

长城沿线毛乌素沙地治理区包括榆阳、定边、靖边、横山、神木和府谷 6 个县（区）的 65 个乡镇，国土总面积 2097197.7hm²，占规划区面积的 56.5%。其中榆阳与横山交界一带、神木与榆阳交界周围是全省流动沙地和半固定沙地重点分布区域且大部分区域在榆林市内。此区域属典型风沙区，地势平缓，干旱少雨，生态环境十分脆弱。重点建设长城沿线、道路沿线、河流沿线防护林

带、环城镇、矿区、村庄景观防护林圈，在流动沙地、半固定沙地建设防护林和生态经济片林。采取的措施有：加大封沙育林育草力度，使沙化土地得以休养生息，主要利用自然的自我修复能力恢复林草植被；继续实行封山禁牧、舍饲圈养，改进饲养方式，减轻畜牧养殖对沙地植被的压力；坚持退耕还林和退牧还草，建设乔、灌、草相结合的防风固沙林带，恢复林草植被，治理沙化土地；在人烟稀少、治理难度大、相对集中连篇的沙化土地，划定若干沙化土地封禁保护区，采取严格的封禁保护措施；大力推进新的农艺措施，控制地表扬沙起尘，阻止风沙南移。

白于山区荒漠化土地治理区包括定边、靖边、吴起 3 县 29 个乡镇，国土总面积 660612.9hm²，占规划区面积的 17.8%。此区地处长城沿线毛乌素沙地治理区西南，以山区为主，气候干燥，地广林少，林草覆盖低，水蚀、风蚀交替危害，土壤侵蚀规模大，水土流失、荒漠化程度高，土地退化严重，是荒漠化土地扩展较快区域。重点建设毛乌素沙地南缘沿线、道路沿线防风固沙林带，环矿区、乡镇、村庄景观防护林圈。在山区上中部建设水土保持片林，下部建设生态经济片林。采取的措施有：继续全面实施封山禁牧、舍饲圈养，减轻养殖业对林地植被的压力；坚持以工程建林为主，实施退耕还林、荒山造林、退耕还草和小流域综合治理等工程，因地制宜，大力恢复林草植被；对具有封禁条件的地方划定封禁保护区，有计划地实行移民搬迁，实行封禁保护来保持水土，防治荒漠化。

黄土（丘陵）覆沙治理区包括府谷、神木、佳县、榆阳、横山 5 个县 58 个乡镇，总面积 873376.7hm²，占规划总面积的 23.5%。此区地处长城沿线毛乌素沙地治理区东南，地势相对平缓，黄河沿线石质山区地势陡峭；气候干燥，有效降水少，土地沙化、荒漠化较为严重。重点建设毛乌素沙地南缘、道路沿线防风固沙林带，环城市、矿区、乡镇、村庄景观防护林圈。在沟壑区建设水土保持林，坡地建设生态经济片林。采取的措施有：封山（沙）榆林、人工造林种草相结合；荒山造林、退耕还林与小流域综合治理等工程相结合，山水田林路、沟坡梁峁涧综合治理，加大河谷防风固沙林带建设，阻止流沙南移，保持水土，防止产生新的土地沙化和水土流失。

渭河下游沙苑沙地治理区包括大荔县 10 个乡镇，总面积 81545.7hm²，占规划总面积的 2.2%。该区地处关中东部的黄河、渭河、洛河三河交汇处，主要建设高标准的农田防护林体系、村镇景观林带和乡村绿色通道。可适度发展平原高效林业，建成以林、果、粮为主的优质高效沙产业示范基地。

（二）重点治理工程

依托退耕还林（草）、天然林资源保护、"三北"防护林四期等林业重点工程，牧草基地建设工程，小流域综合治理和小型水利水保工程，草业、畜牧业工程，"三化一片林"绿色家园建设工程实施，在农业生产中全面推行保护性农艺措施提升治沙成效。退耕还林（草）（包括荒山荒沙造林）工程 9.7 万 hm²，占总任务的 16.7%；天然林资源保护工程 11.71 万 hm²，占总任务的 20.2%；"三北"防护林建设四期工程 12.59 万 hm²，占总任务的 21.7%；优质牧草基地建设工程 10 万 hm²，占总任务的 17.2%；小型水利水保工程 6.0 万 hm²，占总任务的 10.3%；小流域综合治理工程 2.2 万 hm²，占总任务的 3.7%。在重点项目实施中，人工造林种草 29.1 万 hm²，占总任务的 50.2%；封沙（山）育林 19.6 万 hm²，占总任务的 33.8%；飞播造林 3.5 万 hm²，占总任务的 6.0%；草业畜牧业工程 5.8 万 hm²，占总任务的 10%。

第三节　防沙治沙综合效益评估

对于榆林市防沙治沙工程的综合效益本研究主要采用生态位适宜度评估模型来评估。

一、指标设计和数据来源

（一）指标设计

按照防沙治沙工程综合效益评价指标设计的规范性与公开性、科学性与可操作性相结合和系统整体性与开放性的原则，设计的榆林市防沙治沙工程生态位适宜度评价指标体系如下：

首先，构建社会—经济—自然复合生态位评价指标体系，包括目标层、亚目标层和指标层 3 个层次。目标层是复合生态系统，包括自然生态位、经济生态位和社会生态位。亚目标层包括自然生态位（又分为资源生态位和环境生态位）及经济生态位、社会生态位；其次，根据榆林市的实际情况构建不同生态位的具体指标见表5.3。

资源生态位：资源生态位研究人口分布与自然资源承载能力之间的关系，选用 7 个指标进行分析评价。人均耕地面积（X_1）代表土地资源水平，人均水资源量（X_2）代表水资源水平，森林覆盖率（X_3）反映一个国家或地区森林面积占有情况或森林资源丰富程度及实现绿化程度的指标，人均林木蓄积量（X_4）反映当前人均活立木的材积总量，森林覆盖率和人均林木蓄积量反映榆林市森林资源状况，旱涝受灾面积（X_5）一定程度上表明区域受到旱灾和洪涝灾害的程度，建成区绿化覆盖率（X_6）反映了城市生态绿化情况，人均能源生产量（X_7）用一次性能源生产总量与人口的比值计算得到，代表榆林市能源利用情况。

环境生态位：选用 6 个指标进行分析评价。水土流失治理面积（X_8）反映的是生态环境的抵御灾害的能力。生态效益指标（$X_9 \sim X_{13}$）主要参考联合国千年生态系统评估计划（Millennium Ecosystem Assessment，MA），从改善气候、净化大气、水土保持、固碳释氧维度进行综合效益评价，包括降温降湿效益、阻滞降尘效益、水源涵养、水土保持和固碳释氧效益。

经济生态位：选用 6 个指标进行分析评价。GDP 总量（X_{14}）和人均 GDP（X_{15}）可以反映榆林市的经济规模；第一产业产值（X_{16}）和一产产值占 GDP 比重（X_{17}），农林牧渔业总产值（X_{18}）和农林牧渔业总产值占 GDP 比重（X_{19}）反映榆林市产业经济发展水平。

社会生态位：选用 9 个指标作为代表性指标进行分析评价。城镇居民恩格尔系数是衡量一个家庭或一个国家富裕程度的主要标准之一；农民人均纯收入（X_{20}）、城镇人均可支配性收入（X_{21}）和城镇居民恩格尔系数（X_{24}）反映人民生活水平；人口密度（X_{22}）表示榆林市人口分布情况；非农人口占总人口比重（X_{23}）用来衡量城市化率；教育经费投入占 GDP 的比例（X_{25}）和每万人拥有教师数（X_{26}）能够反映教育保障的情况；每万人拥有医疗床位数（X_{27}）和医疗技术人员数（X_{28}）能够反映医疗保障的情况。

表5.3 荒漠化防治工程生态位适宜度评价指标体系

目标层	亚目标层	序号	指标层
自然生态位	资源生态位	X_1	人均耕地面积/hm^2
		X_2	人均水资源量/m^3
		X_3	森林覆盖率/%
		X_4	人均林木总蓄积量/m^3
		X_5	旱涝受灾面积/(万 hm^2)
		X_6	建成区森林覆盖率/%
		X_7	人均能源生产量/(t 标准煤)
	环境生态位	X_8	水土流失治理面积/(万 hm^2)
自然生态位	环境生态位	X_9	降温降湿效益/(万元)
		X_{10}	阻滞降尘效益/(万元)
		X_{11}	水源涵养/(万元)
		X_{12}	水土保持/(万元)
		X_{13}	固碳释氧/(万元)
	经济生态位	X_{14}	GDP 总量/(亿元)
		X_{15}	人均 GDP/(元)
		X_{16}	第一产业产值/(亿元)
		X_{17}	一产产值占 GDP 比重/%
		X_{18}	农林牧渔业总产值/(亿元)
		X_{19}	农林牧渔业总产值占 GDP 比重/%
	社会生态位	X_{20}	农民人均纯收入/元
		X_{21}	城镇人均可支配收入/元
		X_{22}	人口密度/(人/km^2)
		X_{23}	非农人口占总人口比重/%
		X_{24}	城镇居民恩格尔系数/%
		X_{25}	教育经费投入占 GDP 比例/%
		X_{26}	每万人拥有教师数/人
		X_{27}	每万人拥有医疗床位数/张
		X_{28}	每万人拥有医疗技术人员/人

（二）数据来源

荒漠化防治工程的实施对研究区域经济、社会、资源、环境等产生多方面的影响。评价的主要数据来源于榆林市经济、社会、生态环境等相关统计数据。具体来源于榆林市不同年份统计年鉴、陕西省经济社会调查年鉴、中国林业统计年鉴、中国农村统计年鉴、榆林市国民经济和社会发展公报、中国国土资源数据库以及中国区域经济数据库等。荒漠化防治工程的推进中各类防护林林带、林网、植被覆盖率的提高对土地荒漠化遏制以及改善当地气候起到了至关重要的作用，而相关监测数据主要来源于生态中国网的相关监测网站。另外，一些评价数据也来源于中国知网（CNKI）中的相关研究文献，尤其是森林固碳释氧、净化空气等指标的数据主要来源于这些文献资料。

二、综合效益评估

（一）原始数据标准化

在实际评价中，为了消除指标间属性和量纲等差异造成的对评价过程和结果的影响，保证数据的可比性和评价结果的准确性，利用公式 $y_{ij} = \dfrac{x_{ij} - x_{min}}{x_{max} - x_{min}} + 1$ 对原始数据进行标准化处理，标准化后的数据记作 y_{ij}，表示各生态因子的生态位，详细数据见表5.4。

表5.4　榆林市荒漠化防治工程生态位标准化数据

指标	指标名称	1975年	1980年	1985年	1990年	1995年	2000年	2005年	2010年	2015年	2017年
X_1	人均耕地面积/hm^2	2.00	1.55	1.23	1.17	1.14	1.09	1.08	1.03	1.00	1.05
X_2	人均水资源量/m^3	1.26	1.25	1.24	1.22	1.21	1.32	2.00	1.00	1.29	1.36

续表

指标	指标名称	1975年	1980年	1985年	1990年	1995年	2000年	2005年	2010年	2015年	2017年
X_3	森林覆盖率/%	2.00	2.00	2.00	1.00	1.09	1.20	1.28	1.24	1.55	1.59
X_4	人均林木总蓄积量/m³	1.09	1.06	1.00	1.59	1.84	1.80	1.87	1.92	1.94	2.00
X_5	旱涝受灾面积/（万hm²）	1.00	1.61	1.52	1.82	1.77	1.77	1.49	2.00	1.46	1.53
X_6	建成区森林覆盖率/%	1.00	1.21	1.39	1.55	1.70	1.75	1.82	1.89	1.98	2.00
X_7	人均能源生产量/（t标准煤）	1.00	1.29	1.29	1.29	1.29	1.57	1.71	1.86	1.86	2.00
X_8	水土流失治理面积/（万hm²）	1.00	1.13	1.26	1.39	1.50	1.62	1.71	1.79	1.89	2.00
X_9	降温降湿效益/（万元）	1.07	1.09	1.08	1.08	1.18	1.59	2.00	1.10	1.09	1.00
X_{10}	阻滞降尘效益/（万元）	2.00	1.91	1.94	1.98	1.85	1.55	1.26	1.04	1.00	1.12
X_{11}	水源涵养/（万元）	2.00	1.74	1.82	1.78	1.72	1.47	1.21	1.07	1.00	1.07

指标	指标名称	1975年	1980年	1985年	1990年	1995年	2000年	2005年	2010年	2015年	2017年
X_{12}	水土保持/（万元）	1.04	1.00	1.33	1.48	2.00	1.79	1.58	1.39	1.31	1.28
X_{13}	固碳释氧/（万元）	1.00	1.06	1.11	1.17	1.22	1.48	1.74	1.68	1.57	2.00
X_{14}	GDP总量/（亿元）	1.00	1.03	1.08	1.16	1.23	1.33	1.48	1.64	1.76	2.00
X_{15}	人均GDP/（元）	1.00	1.02	1.05	1.09	1.17	1.27	1.46	1.60	1.70	2.00
X_{16}	第一产业产值/（亿元）	2.00	1.97	1.77	1.65	1.52	1.44	1.32	1.23	1.10	1.00
X_{17}	一产产值占GDP比重/%	2.00	1.94	1.85	1.69	1.55	1.39	1.24	1.11	1.09	1.00
X_{18}	农林牧渔业总产值/（亿元）	1.00	1.05	1.09	1.13	1.17	1.27	1.39	1.64	1.71	2.00
X_{19}	农林牧渔总产值占GDP比重/%	1.00	1.04	1.03	1.14	1.20	1.25	1.32	1.77	1.80	2.00
X_{20}	农民人均纯收入/元	1.00	1.04	1.08	1.19	1.26	1.32	1.49	1.68	1.79	2.00

指标	指标名称	1975年	1980年	1985年	1990年	1995年	2000年	2005年	2010年	2015年	2017年
X_{21}	城镇人均可支配收入/元	1.00	1.03	1.07	1.15	1.22	1.33	1.52	1.69	1.82	2.00
X_{22}	人口密度/（人/km²）	1.57	1.64	1.71	2.00	2.00	1.14	1.14	1.14	1.21	1.00
X_{23}	非农人口占总人口比重/%	1.00	1.14	1.29	1.43	1.57	1.71	1.71	1.86	1.86	2.00
X_{24}	城镇居民恩格尔系数/%	1.40	1.34	1.19	1.40	1.26	1.00	1.56	2.00	1.44	1.29
X_{25}	教育经费投入占GDP比例/%	1.07	1.20	1.11	1.02	1.00	1.15	1.67	1.80	2.00	1.97
X_{26}	每万人拥有教师数/人	1.00	1.12	1.20	1.26	1.43	1.58	1.61	1.69	1.77	2.00
X_{27}	每万人拥有医疗床位数/张	1.09	1.01	1.00	1.02	1.05	1.10	1.20	1.47	1.75	2.00
X_{28}	每千人拥有医疗技术人员/人	1.18	1.14	1.08	1.00	1.01	1.14	1.23	1.37	1.71	2.00

（二）指标权重的确定

本研究主要采用熵值法确定指标权重。

熵值法是一种客观赋权法。从 20 世纪 90 年代初，熵值法在经济管理与可持续发展领域的研究逐步展开。最早是 1998 年郭显光在经济效益评级的研究中，利用因子分析法、综合指数法和熵值法三种方法对同一指标体系的数据进行分析，验证熵值法的科学性（郭显光，1998）。此后，周梅华、尹航、钟昌宝等众多学者在这一领域进行全面的研究，熵值法在经济管理与可持续发展领域被广泛研究应用（周梅华，2003；尹航，2007；钟昌宝等，2010）。

熵值法的基本步骤如下：

（1）指标的"同趋势化"

当正向指标、逆向指标并存时，应先将逆向指标正向化，并对数据进行无量纲化处理，得到正向化判断矩阵：

$$y_{ij} = \frac{x_{ij} - x_{min}}{x_{max} - x_{min}} + 1 (1 \leqslant i \leqslant m, \ 1 \leqslant j \leqslant p) \qquad (5-1)$$

其中 x_{imin} 和 x_{imax} 分别表示 $x_{ij}(1 \leqslant i \leqslant m, \ 1 \leqslant j \leqslant p)$ 中第 j 个评价指标序列的最小值和最大值。

（2）对无量纲化的指标值 y_{ij} 按比重进行处理

$$b_{ij} = \frac{y_{ij}}{\sum_{i=1}^{m} y_{ij}} \qquad (5-2)$$

（3）计算第 j 项指标的熵值

$$H_j = -\frac{1}{lnm} \sum_{l=1}^{m} b_{ij} ln b_{ij} (i = 1, 2, \cdots, m; j = 1, 2, \cdots, p) \qquad (5-3)$$

（4）计算第 j 项指标的差异度 d_j

$$d_j = 1 - H_j \qquad (5-4)$$

（5）计算各指标的权重 β_j

$$\beta_j = \frac{d_j}{\sum_{j=1}^{n} d_j} \qquad (5-5)$$

因此，根据熵值法计算得到的评价指标的权重如表 5.5 所示。

表 5.5　熵值法计算的评价指标的权重

序号	指标	变量	β_j
1	人均耕地面积/hm²	X_1	0.036
2	人均水资源量/m³	X_2	0.022
3	森林覆盖率/%	X_3	0.043
4	人均林木总蓄积量/m³	X_4	0.042
5	旱涝受灾面积/（万 hm²）	X_5	0.019
6	建成区森林覆盖率/%	X_6	0.028
7	人均能源生产量/（t 标准煤）	X_7	0.030
8	水土流失治理面积/（万 hm²）	X_8	0.030
9	降温降湿效益/（万元）	X_9	0.037
10	阻滞降尘效益/（万元）	X_{10}	0.046
11	水源涵养/（万元）	X_{11}	0.039
12	水土保持/（万元）	X_{12}	0.029
13	固碳释氧/（万元）	X_{13}	0.036
14	GDP 总量/（亿元）	X_{14}	0.037
15	人均 GDP/（元）	X_{15}	0.039
16	第一产业产值/（亿元）	X_{16}	0.034
17	一产产值占 GDP 比重/%	X_{17}	0.040
18	农林牧渔业总产值/（亿元）	X_{18}	0.037
19	农林牧渔总产值占 GDP 比重/%	X_{19}	0.043
20	农民人均纯收入/元	X_{20}	0.037
21	城镇人均可支配收入/元	X_{21}	0.040
22	人口密度/（人/km²）	X_{22}	0.041
23	非农人口占总人口比重/%	X_{23}	0.030
24	城镇居民恩格尔系数/%	X_{24}	0.022
25	教育经费投入占 GDP 比例/%	X_{25}	0.052
26	每万人拥有教师数/人	X_{26}	0.030
27	每万人拥有医疗床位数/张	X_{27}	0.045
28	每千人拥有医疗技术人员/人	X_{28}	0.037

（三）生态位适宜度计算

1. 灰色关联度

按照生态位适宜度评价的步骤，首先计算不同评价指标的灰色关联系数。灰色关联系数的计算步骤一般为：

（1）根据评价指标体系收集数据，得到原始评价矩阵 X

假设一个决策问题由 m 个方案，n 个指标构成。x_{ij} 表示第 i 个对象，第 j 个指标的指标值。根据评价指标体系收集的数据，得到 $m \times n$ 阶矩阵 X。即

$$X = \begin{bmatrix} X_1 \\ X_2 \\ \vdots \\ X_m \end{bmatrix} = \begin{bmatrix} x_{11} & x_{12} & \cdots & x_{1n} \\ x_{21} & x_{22} & \cdots & x_{2n} \\ \vdots & & & \vdots \\ x_{m1} & x_{m2} & \cdots & x_{mn} \end{bmatrix} \qquad (5-6)$$

（2）确定参考数列，得到矩阵 Y

将理想决策方案 A_0 的各项指标值组成参考数列 $X_0 = [x_{01}, x_{02}, \cdots, x_{0n}]$，

得到阶矩阵 Y。$Y = \begin{bmatrix} Y_0 \\ Y_1 \\ \vdots \\ Y_m \end{bmatrix} = \begin{bmatrix} y_{01} & y_{02} & \cdots & y_{0n} \\ y_{11} & y_{12} & \cdots & y_{1n} \\ \vdots & & & \vdots \\ y_{m1} & y_{m2} & \cdots & y_{mn} \end{bmatrix} \qquad (5-7)$

（3）对 Y 进行初始化处理，得到初始化矩阵

根据式（5-7），令矩阵 Y 的每一行的所有数均除以第一行中对应的数值，以消除不同指标量纲不同的影响。

$$Y'_{ij} = \frac{Y_{ij}}{Y_{0j}} (i = 0, 1, 2, \cdots, m; j = 1, 2, \cdots, n) \qquad (5-8)$$

得到的新矩阵称为 y 的初始化矩阵，即：

$$Y' = \begin{bmatrix} Y'_0 \\ Y'_1 \\ \vdots \\ Y'_m \end{bmatrix} = \begin{bmatrix} y'_{01} & y'_{02} & \cdots & y'_{0n} \\ y'_{11} & y'_{12} & \cdots & y'_{1n} \\ \vdots & & & \vdots \\ y'_{m1} & y'_{m2} & \cdots & y'_{mn} \end{bmatrix} \qquad (5-9)$$

（4）计算关联系数

根据理想方案 Y'_0 和备选方案 Y_1，Y_2，$\cdots$，Y_m 的数列，使用灰色关联度分析法求得关联系数 $\xi_i(j)$。

$$\xi_i(j) = \frac{\min\limits_{i=1}^{m}\{\min\limits_{i=1}^{m}(\mid Y'_{0j} - Y'_{ij} \mid)\} + \lambda \cdot \max\limits_{j=1}^{m}\{\max\limits_{i=1}^{m}(\mid Y'_{0j} - Y'_{ij} \mid)\}}{\mid Y'_{0j} - Y'_{1j} \mid + \lambda \cdot \max\limits_{j=1}^{m}\{\max\limits_{i=1}^{m}(\mid Y'_{0j} - Y'_{1j} \mid)\}} \qquad (5-10)$$

式中，常数 λ 为分辨系数，取值范围为 $0 \leqslant \lambda \leqslant 1$，用于调整比较环境的大小。当 $\lambda = 0$ 时，环境消失；$\lambda = 1$ 时，环境"原封不动"地保持着。通常，取 $\lambda = 0.5$。

一般称由 $m \times n$ 个灰色关联系数 $\xi_i(j)(i=1, 2, \cdots, m; j=1, 2, \cdots, n)$ 组成的矩阵 $F(\xi(j))$ 为多目标灰色关联系数矩阵，即：

$$F = \begin{bmatrix} \xi_1(1) & \xi_1(2)\cdots & \xi_1(n) \\ \xi_2(1) & \xi_2(2)\cdots & \xi_2(n) \\ \xi_m(1) & \xi_m(2)\cdots & \xi_m(n) \end{bmatrix} \qquad (5-11)$$

（5）确定各指标权重，并计算关联度

首先，选取适当的赋权方法为各指标赋权重，得到各指标的权重为 $W = (w_1, w_2, \cdots, w_n)$。然后，根据关联系数公式求出每个备选方案与理想方案之间的关联度 γ_i：

$$\gamma_i = \sum_{j=1}^{n} w_j \cdot \xi_i(j) \qquad (j=1, 2, \cdots, n) \qquad (5-12)$$

备选方案与理想方案之间的关联度 γ_i 越大，该备选方案与理想方案越相似，评价结果越优，反之越劣。

根据上述步骤求得 1975—2017 年榆林市防治荒漠化工程生态位适宜度的灰色关联度如表 5.6 所示。

表 5.6　1975—2017 年榆林市防治荒漠化工程生态位适宜度的灰色关联系数矩阵

指标	1975	1980	1985	1990	1995	2000	2005	2010	2015	2017
$X_0 \sim X_1$	1	0.54	0.90	0.88	0.89	0.91	0.75	0.79	0.70	0.76
$X_0 \sim X_2$	0.84	0.91	0.95	0.95	0.95	0.97	0.66	0.85	0.98	0.94
$X_0 \sim X_3$	0.92	0.85	0.81	0.82	0.85	0.90	0.94	0.93	0.94	0.93

指标	1975	1980	1985	1990	1995	2000	2005	2010	2015	2017
$X_0 \sim X_4$	0.82	0.87	0.92	0.99	0.95	0.95	0.94	0.92	0.91	0.91
$X_0 \sim X5$	0.39	0.92	0.82	0.62	0.68	0.68	0.75	0.48	0.70	0.81
$X_0 \sim X_6$	0.64	0.75	0.86	0.96	0.94	0.91	0.87	0.83	0.78	0.78
$X_0 \sim X_7$	0.67	0.83	0.87	0.88	0.89	0.94	0.86	0.79	0.79	0.74
$X_0 \sim X_8$	0.70	0.78	0.88	0.94	1.00	0.93	0.89	0.85	0.81	0.77
$X_0 \sim X_9$	0.71	0.77	0.81	0.81	0.95	0.61	0.43	0.85	0.84	0.74
$X_0 \sim X_{10}$	0.68	0.70	0.65	0.62	0.70	0.99	0.71	0.58	0.56	0.62
$X_0 \sim X_{11}$	0.58	0.73	0.64	0.66	0.70	1.00	0.69	0.60	0.56	0.60
$X_0 \sim X_{12}$	0.77	0.82	0.97	0.97	0.80	0.85	0.92	0.98	1.00	0.98
$X_0 \sim X_{13}$	0.63	0.69	0.76	0.80	0.85	0.90	0.71	0.74	0.81	0.59
$X_0 \sim X_{14}$	0.54	0.58	0.64	0.72	0.80	0.96	0.81	0.64	0.56	0.45
$X_0 \sim X_{15}$	0.51	0.55	0.59	0.63	0.72	0.88	0.76	0.59	0.52	0.38
$X_0 \sim X_{16}$	0.90	0.84	0.87	0.92	0.98	1.00	0.94	0.91	0.86	0.81
$X_0 \sim X_{17}$	0.63	0.63	0.66	0.77	0.90	0.91	0.75	0.67	0.65	0.60
$X_0 \sim X_{18}$	0.46	0.51	0.57	0.62	0.66	0.84	0.87	0.52	0.47	0.33
$X_0 \sim X_{19}$	0.63	0.69	0.72	0.80	0.86	0.91	0.98	0.65	0.63	0.55
$X_0 \sim X_{20}$	0.60	0.66	0.71	0.80	0.87	0.95	0.85	0.70	0.63	0.54
$X_0 \sim X_{21}$	0.61	0.66	0.72	0.78	0.85	0.96	0.83	0.70	0.63	0.55
$X_0 \sim X_{22}$	0.88	0.96	0.97	0.93	0.93	1.00	1.00	1.00	0.98	0.99
$X_0 \sim X_{23}$	0.73	0.81	0.90	0.96	0.98	0.92	0.91	0.86	0.86	0.82
$X_0 \sim X_{24}$	0.88	0.93	0.96	0.99	0.99	0.95	0.94	0.86	0.95	0.99
$X_0 \sim X_{25}$	0.72	0.83	0.83	0.79	0.79	0.87	0.81	0.75	0.67	0.69

指标	1975	1980	1985	1990	1995	2000	2005	2010	2015	2017
$X_0 \sim X_{26}$	0.83	0.91	0.97	0.99	0.99	0.96	0.96	0.94	0.93	0.91
$X_0 \sim X_{27}$	0.79	0.82	0.86	0.88	0.89	0.93	0.99	0.86	0.74	0.67
$X_0 \sim X_{28}$	0.85	0.90	0.93	0.92	0.93	0.98	0.99	0.94	0.84	0.78

在表 5.6 中，X_0 为各指标不同年份数据的最小值；X_i 为评价指标，其中 $i =$ 1，2，…，n，n 为评价指标个数。

2. 生态位适宜度

在求出灰色关联系数矩阵 F 和各评价指标的权重 W 的基础上，计算 1975—2017 年榆林市荒漠化防治工程的生态位适宜度，具体计算结果如表 5.7 所示。

表 5.7　1975—2017 年榆林市荒漠化防治工程生态位适宜度评价结果

年份	生态位适宜度评价值	排名
1975	0.713	9
1980	0.758	7
1985	0.802	5
1990	0.828	4
1995	0.863	2
2000	0.917	1
2005	0.842	3
2010	0.776	6
2015	0.749	8
2017	0.708	10

因此，从表 5.7 可以看出，在荒漠化防治工程的生态位适宜度评价结果中，

2000 年榆林市荒漠化防治工程生态位适宜度最大，具体值为 0.917，排名第一；2017 年的生态位适宜度为 0.708，为最小值。1975—2000 年，荒漠化防治工程的生态位适宜度逐步增加，2000—2017 年荒漠化防治工程的生态位适宜度又逐渐降低（图 5.2）。其说明在 1975—2017 年榆林市荒漠化防治工程中，资源环境、经济和社会生态位总体上逐渐增加，2000 年后又开始下降，这应引起充分的重视。

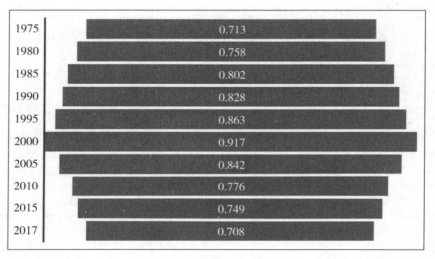

图 5.2　1975—2017 年榆林市荒漠化防治工程生态位适宜度评价结果图

　　实际上，榆林市荒漠化防治工程生态位适宜度的变化，也与目前榆林市社会经济发展有很大关系。目前，榆林市正处在由资源型经济发展向生态型经济发展的转变时期，加快产业结构调整和可持续发展进程是榆林市社会经济发展的主要任务，正确处理生态平衡、经济发展与社会进步的关系是实现榆林市社会经济协调发展的必要途径。一是巩固现有生态治理的成果。通过退耕还林等生态修复工程的实施，在现有生态治理的基础上，完善生态环境保护管理制度，建立生态环境损害责任追究制度，加大环境监管和治理的力度，加强全民的环保意识，尤其是在利用资源禀赋优势的同时，要合理开发及利用不可再生资源，并促进资源利用向高效化、清洁化方向发展，充分发挥生态效应。二是转变粗放经济发展方式。在以第一产业为基础、第二产业为主导的同时，加大第三产业的发展，从而吸纳更多的劳动力，增加就业和收入；针对资源型经济发展较快的中部地区，通过技术创新，使产业不断升级，增加资源的附加值，延长工业产业链，加大对有色金属及深加工行业的发展，逐步形成能源化工产业集群，使资源型经济发展方式由粗放型向集约性转变。对于处于协调发展水平较低的南部地区，充分发挥农业县域的优势，发展以杂粮为主的特色产业，开发自主品牌，充分发挥市场机制，创造良好的招商引资环境，实现"粮食增产—林草增种—牧业增值"的生态农业协调发展模式。三是继承和发扬民间传统艺术，弘扬民俗文化，开发生态文化旅游产业，提高社会整体发展水平，同时推进城镇化建设，促进榆林生态—经济—社会的协调、健康、持续发展。

第六章

基于能值分析的榆林市生态经济可持续发展评估

生态系统的可持续发展是中国可持续发展的重要组成部分。2015 年，"十三五"规划将加强生态文明建设作为"十三五"时期的重要目标。而生态经济作为变革传统工业化增长方式，实现经济社会与生态环境协调、可持续发展的必然抉择备受关注（陈雯，2028）。生态经济系统是自然生态系统与社会经济系统共同组成的能量系统，系统间不仅存在着物质、能量和信息的交换，还存在着价值流的循环和转换（黄洵、黄民生，2015）。

本研究为了探讨生态脆弱区毛乌素沙地的生态经济可持续性，选择了占毛乌素沙地面积 32.6% 的榆林市进行分析，通过构建一系列的评价指标体系，科学合理地分析该区域的生态经济发展情况，以期为该区域未来可持续发展提供参考和建议。

第一节　社会经济概况与数据来源

一、社会经济概况

榆林市总土地面积 43578km²。2018 年年末，榆林市常住人口 341.78 万人，全年生产总值 3848.62 亿元，同比增长 9.0%。榆林人均 GDP 为 112845 元。全市规模以上企业能源工业产值 3533.42 亿元，同比增长 12.6%。其中，煤炭开采和洗选业完成产值 2095.22 亿元，石油天然气开采业 511.47 亿元。全年全社会固定资产投资同比增长 8.5%。

近年来，榆林在经济取得进步的同时，也产生了严重的生态环境问题，主要是污染物排放呈上升趋势。据《2018 陕西统计年鉴》数据显示，2017 年榆林一般工业固体废弃物排放量 2.79 千 t，工业废水排放量 1.37 亿 t，工业废气排放总量 5730 亿 m^3，总体呈上升趋势。同时 2018 年全年造林面积 4.97 万 hm^2，比上年增长 7.0%。榆林的生态经济可持续发展值得研究。

二、数据来源

本研究选取的时间段为 2008—2018 年，所选数据来自《榆林市国民经济和社会发展统计公报》（2008—2018 年）、《陕西省统计年鉴》（2008—2018 年）、榆林市商务部数据、中国气象数据网及相关参考文献资料。

其中，经济方面的数据来自《榆林市国民经济和社会发展统计公报》《陕西省统计年鉴》和榆林市商务部数据，包括可更新资源产品的产值、不可更新资源产值、进出口产值、旅游产值、GDP 等。可更新资源产品的产值主要包含粮食（玉米、高粱、谷子、豆类）产量（万 t），薯类产量（万 t），油料产量（万 t），蔬菜产量（万 t），水果产量（万 t），肉类（牛肉、猪肉、羊肉）产量（万 t），禽蛋产量（万 t），奶类产量（万 t），羊绒产量（t）；不可更新资源产值主要包括原煤（万 t）、原油（万 t）、焦炭（万 t）、原盐（万 t）、天然气（亿 m^3）、氮肥（万 t）、水泥（万 t）、玻璃（万重量箱）、发电量（亿 Kwh）等。社会方面的数据主要来自《榆林市国民经济和社会发展统计公报》，包括常住人口数量（人）、城镇居民可支配收入（元）、农民人均可支配收入（元）等。

区域自然环境及地理情况数据主要来自《陕西省统计年鉴》和中国气象数据网，主要包括区域土地面积（m^2）、农用地面积（m^2）、太阳总辐射量（MJ/m^2）、降雨量（mm）、平均海拔高度（m）、风速（m/s）等。

研究所采用的能值转换率主要来自奥德姆（1988，1996）、隋春花（1999）、蓝盛芳（2002）等的研究成果。

第二节　能值分析步骤和评价指标的选取与说明

一、分析步骤

能值分析的步骤具体如下：

(1)原始数据资料收集

主要通过统计年鉴、统计公报和中国气象数据网、文献资料收集研究区域的原始数据，包括研究区域的自然环境与地理情况和经济社会方面的数据等。

(2)将基本数据进行分类

根据奥德姆、蓝盛芳等对生态经济系统的能值进行要素分类，分为可更新资源(可更新环境资源、可更新自然资源)、不可更新资源(不可更新自然资源、不可更新能源)、输入流(货币流)、输出流、废物流。原始数据的计量单位统一，即资源能量以 J 为单位，物质以 g 为单位，经济流以 $ 为单位。分别计算出不同因子的能量，其中，可更新自然资源投入能量的计算公式为：

太阳光能 = 系统面积 × 太阳年均辐射量

风能 = 系统面积 × 空气层平均高度 × 空气密度 × 涡流扩散系数 × 风速梯度变化率

雨水势能 = 系统面积 × 平均海拔高度 × 平均降雨量 × 水密度 × 重力加速度

雨水化学能 = 系统面积 × 平均降雨量 × 吉布斯自由能 × 水密度

地球旋转能 = 系统面积 × 热通量

不可更新自然资源投入能值计算公式为：

表土层净损耗能 = 耕地面积 × 侵蚀率 × 流失土壤中有机质含量 × 有机质能量

可更新资源产品能值与不可更新工业辅助能的计算公式为：

资源产品能值 = 实物量 × 能值折算系数

然后，利用能值转化率，计算出不同因子的总能值。即能值计算公式为：

$$E_m = M \times \tau \tag{6-1}$$

其中，E_m 代表能值，M 代表能量或物质的质量，τ 为能值转换率。

(3)建立能值综合指标体系，编制能值分析表将上述指标进一步转化计算，建立一系列反映生态与经济效率的能值指标体系，用来分析和评价自然资源环境对经济系统的贡献和经济对自然环境的作用。

（4）生态经济系统发展评价与策略分析

根据能值指标体系进行定量分析，为制定合理的生态脆弱区生态工程管理措施和发展策略提供科学依据，指导榆林市沙地生态经济系统良性运作和可持续发展。

二、能值评价指标的选取与说明

结合能值理论，从经济、社会和自然三方面建立能值指标分析表，从时间和空间上全面定量分析和评价榆林市沙地的生态经济系统发展情况，构建可持续发展指标体系分析榆林市沙地生态经济系统的运行情况，具体指标说明如表6.1所示。

表6.1　生态经济系统可持续发展评价指标体系与说明

能值指标	计算公式	说明
1 能值流量	能值 = 能值流量 × 能值转换率	
1.1 可更新资源能值 R	R = 可更新环境资源 R_1 + 可更新自然资源 R_2	系统自身的财富基础
1.2 不可更新资源能值 N		
1.3 输入能值 I	i = 进口 + 旅游收入能值	
1.4 输出能值 O	出口能值	
1.5 能值总量 U	$U = R + N + I$	
2 社会系统评价指标		
2.1 人均能值 P	$P = U/$区域人口数量	代表居民生活水平与质量
2.2 能值密度 ED	$ED = U/$区域土地面积	评价能源集约度和强度
2.3 人口承载量 PC	$PC = (R + I)/F$	当前环境水准下可容人口量
2.4 人均电力 PE	$PE =$ 电力能值$/$区域人口数量	反映区域发达情况
3 经济系统评价指标		
3.1 能值/货币比率 EMR	$EMR = U/GDP(S)$	经济现代化程度
3.2 能值交换率 EER	$EER = I/C$	评价对外交流的得失利益

能值指标	计算公式	说明
3.3 能值产出率 EYR	$EYR = U/I$	
3.4 能值投资率 IRN	$IRN = I/(R+N)$	自然对经济活动的容受力
4 自然系统评价指标		
4.1 环境负载率 ELR	$ELR = N/R$	自然环境利用潜力
4.2 能值自给率 ESR	$ESR = (R+N)/U$	
4.3 可更新能值比 RER	$RER = R/U$	自然环境利用潜力
4.4 废弃物与可更新能值比 WR	$WR = 废弃物能值/R$	废弃物对环境的压力
4.5 废弃物与总能值比 EWR	$EWR = 废弃物能值/U$	废弃物利用价值
5 可持续综合评价指标		
5.1 可持续指标 ESI	$ESI = EYR/ELR$	
5.2 可持续发展指标 EISL	$EISD = (EYR \times EER)/ELF$	
5.3 健康能值指数 EUEII	$EUEHI = (EYR \times EER \times ED)/(ELR \times EMR)$	
5.4 改建的健康能值指数	$IEUEHI = (EYR \times EER \times ESR)/(ELR \times EWR)$	

注：指标体系构建主要参考蓝盛芳《生态经济系统能值分析》。

第三节　研究结果与分析

一、生态经济系统能值流量分析

在本研究的生态经济系统能值中，可更新环境资源能值主要包括太阳光能、风能、雨水势能、雨水化学能、地球旋转能。由表 6.2 可知，2018 年榆林市总能值使用量为 4.64E + 23sej，其中，可更新资源能值为 1.96E + 22sej，占比为4.22%；不可更新资源能值为 4.38E + 23sej，占比为 94.34%；输入能值为6.40E + 21sej，占比为 1.38%。

表 6.2 2008-2018 年榆林市生态经济系统测算汇总表

	项目	2008	2009	2010	2011	2012	2013	2014	2015	2016	2017	2018
1	可更新环境资源											
1.1	太阳光能	2.36E+20	2.20E+20	2.20E+20	2.37E+20	2.54E+20	2.55E+20	2.41E+20	2.46E+20	2.32E+20	2.51E+20	2.21E+20
1.2	风能	2.19E+17	2.11E+17	2.27E+17	2.03E+17	2.11E+17	2.19E+17	2.35E+17	2.27E+17	2.27E+17	2.19E+17	2.55E+17
1.3	雨水势能	1.57E+21	1.73E+21	1.50E+21	1.83E+21	2.33E+21	2.31E+21	1.56E+21	1.85E+21	2.98E+21	2.85E+21	2.20E+21
1.4	雨水化学能	1.46E+21	1.61E+21	1.39E+21	1.70E+21	2.16E+21	2.15E+21	1.44E+21	1.72E+21	2.77E+21	2.65E+21	2.04E+21
1.5	地球旋转能	1.24E+21	1.24E+21	1.24E+21	1.24E+21	1.24E+21	1.24E+21	1.24E+21	1.24E+21	1.24E+21	1.24E+21	1.26E+21
	小计	4.51E+21	4.80E+21	4.35E+21	5.01E+21	5.98E+21	5.96E+21	4.48E+21	5.06E+21	7.22E+21	6.99E+21	5.72E+21
2	可更新资源产品											
2.1	粮食	1.78E+21	2.05E+21	2.22E+21	1.91E+21	2.07E+21	2.08E+21	2.13E+21	1.92E+21	2.15E+21	2.23E+21	3.58E+21
	玉米	3.41E+20	3.84E+20	5.56E+20	4.77E+20	4.89E+20	5.54E+20	5.76E+20	5.17E+20	5.66E+20	5.79E+20	1.10E+21
	高粱	1.06E+19	1.25E+19	1.96E+19	1.83E+19	2.08E+19	1.69E+19	1.79E+19	1.45E+19	2.04E+19	2.16E+19	4.57E+19
	谷子	6.24E+20	7.04E+20	1.02E+21	8.74E+20	8.96E+20	1.02E+21	1.06E+21	9.48E+20	1.04E+21	1.06E+21	2.02E+21
	豆类	2.28E+21	2.36E+21	2.66E+21	2.43E+21	2.78E+21	2.53E+21	2.59E+21	2.35E+21	2.77E+21	2.92E+21	3.42E+21
2.2	薯类	3.86E+19	3.88E+19	4.36E+19	3.64E+19	4.07E+19	3.87E+19	3.86E+19	3.56E+19	4.03E+19	4.23E+19	4.36E+19
2.3	油料	1.02E+21	1.13E+21	1.37E+21	1.34E+21	1.62E+21	1.52E+21	1.59E+21	1.41E+21	1.62E+21	1.94E+21	2.54E+21
2.4	蔬菜	2.62E+19	3.12E+19	3.76E+19	3.75E+19	4.23E+19	4.69E+19	4.69E+19	5.30E+19	5.80E+19	6.19E+19	7.26E+19
2.5	水果	5.08E+19	1.15E+20	9.32E+19	1.12E+20	1.31E+20	1.13E+20	1.11E+20	1.22E+20	1.43E+20	2.02E+20	3.42E+20
2.6	肉类	1.90E+21	2.18E+21	2.42E+21	2.58E+21	2.69E+21	2.80E+21	2.89E+21	2.88E+21	2.88E+21	2.87E+21	2.66E+21

续表

	项目	2008	2009	2010	2011	2012	2013	2014	2015	2016	2017	2018
	牛肉	1.50E+20	1.61E+20	1.71E+20	1.92E+20	1.99E+20	2.03E+20	2.06E+20	2.10E+20	2.14E+20	2.21E+20	2.98E+20
	猪肉	3.36E+21	3.42E+21	3.25E+21	3.49E+21	3.67E+21	3.83E+21	3.96E+21	3.90E+21	3.86E+21	3.78E+21	3.86E+21
	羊肉	9.95E+20	1.01E+21	9.43E+20	1.01E+21	1.03E+21	1.08E+21	1.12E+21	1.13E+21	1.15E+21	1.14E+21	9.30E+20
2.7	禽蛋	2.50E+20	2.97E+20	3.28E+20	3.75E+20	3.89E+20	4.09E+20	4.09E+20	3.92E+20	3.99E+20	4.04E+20	5.36E+20
2.8	奶类	3.96E+21	5.90E+21	4.88E+21	4.94E+21	5.09E+21	5.37E+21	5.49E+21	4.90E+21	5.02E+21	5.12E+21	4.03E+21
2.9	羊绒	3.04E+19	4.05E+19	5.52E+19	5.87E+19	7.05E+19	7.92E+19	8.19E+19	7.43E+19	7.29E+19	5.75E+19	5.69E+19
	小计	9.06E+21	1.18E+22	1.15E+22	1.14E+22	1.21E+22	1.25E+22	1.28E+22	1.18E+22	1.24E+22	1.29E+22	1.39E+22
3	不可更新自然环境资源											
3.1	表土层净损耗能	1.15E+21	1.43E+21	1.41E+21	1.41E+21	1.42E+21	1.46E+21	1.48E+21	1.60E+21	1.68E+21	1.93E+21	1.79E+21
4	不可更新资源产品											
4.1	原煤	1.30E+23	1.75E+23	2.15E+23	2.37E+23	2.70E+23	2.83E+23	3.03E+23	3.02E+23	3.03E+23	3.35E+23	3.81E+23
4.2	原油	1.69E+22	1.92E+22	2.22E+22	2.44E+22	2.62E+22	2.78E+22	2.78E+22	2.68E+22	2.47E+22	2.37E+22	2.37E+22
4.3	焦炭	2.65E+21	2.69E+21	3.23E+21	4.96E+21	6.57E+21	7.54E+21	8.86E+21	8.42E+21	9.74E+21	1.06E+22	1.06E+22
4.4	原盐	4.10E+19	3.95E+19	4.10E+19	4.19E+19	1.05E+20	1.12E+20	1.43E+20	1.35E+20	1.35E+20	1.37E+20	1.31E+20
4.5	天然气	1.62E+22	1.88E+22	2.05E+22	2.25E+22	2.39E+22	2.79E+22	3.05E+22	2.82E+22	2.98E+22	3.08E+22	3.12E+22
4.6	氮肥	1.12E+14	7.45E+13	5.13E+13	6.89E+13	1.14E+14	1.60E+14	2.19E+14	2.20E+15	8.05E+14	9.64E+14	9.97E+14
4.7	水泥	3.23E+16	3.63E+16	3.61E+16	9.94E+16	1.33E+17	1.58E+17	1.52E+17	1.29E+17	1.21E+17	1.64E+17	1.81E+17
4.8	玻璃	5.97E+15	6.16E+15	5.74E+15	7.05E+15	6.66E+15	5.45E+15	5.61E+15	4.79E+15	4.75E+15	5.28E+15	6.33E+15

续表

	项目	2008	2009	2010	2011	2012	2013	2014	2015	2016	2017	2018
4.9	发电量	6.85E+17	8.45E+17	1.03E+18	1.14E+18	1.28E+18	1.37E+18	1.71E+18	1.81E+18	2.00E+18	2.18E+18	2.24E+18
	小计	1.66E+23	2.16E+23	2.61E+23	2.89E+23	3.27E+23	3.46E+23	3.70E+23	3.65E+23	3.67E+23	4.00E+23	4.47E+23
5	输入能值											
5.1	进口总额	6.15E+18	2.84E+18	9.77E+18	4.15E+19	7.93E+18	6.34E+18	1.05E+19	4.25E+18	1.40E+20	1.30E+20	2.53E+19
5.2	旅游收入	3.73E+20	4.37E+20	5.64E+20	7.58E+20	1.54E+21	2.01E+21	2.57E+21	2.87E+21	3.55E+21	4.69E+21	6.37E+21
6	输出能值											
6.1	出口总额	6.55E+19	5.81E+19	1.17E+20	1.25E+20	6.87E+19	6.63E+19	7.02E+19	4.93E+19	1.02E+20	1.75E+20	1.59E+20
7	废弃物流											
7.1	废水	9.89E+19	1.95E+20	2.06E+20	2.10E+20	2.03E+20	1.87E+20	2.69E+20	3.11E+20	2.90E+20	5.89E+20	1.76E+20
7.2	废气	1.93E+22	2.30E+22	2.96E+22	4.17E+22	4.23E+22	4.96E+22	6.07E+22	6.42E+22	7.45E+22	6.61E+22	8.11E+22
7.3	废固	6.02E+20	1.90E+20	1.58E+20	1.66E+22	2.08E+22	2.11E+22	2.66E+22	3.07E+22	3.46E+22	3.46E+22	4.28E+22
R	可更新资源能值	1.36E+22	1.66E+22	1.58E+22	1.64E+22	1.81E+22	1.84E+22	1.73E+22	1.69E+22	1.96E+22	1.99E+22	1.96E+22
N	不可更新资源能值	1.64E+23	2.14E+23	2.59E+23	2.85E+23	3.22E+23	3.40E+23	3.63E+23	3.59E+23	3.59E+23	3.91E+23	4.38E+23
I	输入能值	3.79E+20	4.40E+20	5.74E+20	7.99E+20	1.55E+21	2.02E+21	2.58E+21	2.87E+21	3.69E+21	4.82E+21	6.40E+21
O	输出能值	6.55E+19	5.81E+19	1.17E+20	1.25E+20	6.87E+19	6.63E+19	7.02E+19	4.93E+19	1.02E+20	1.75E+20	1.59E+20
U	能值总量	1.78E+23	2.32E+23	2.76E+23	3.03E+23	3.41E+23	3.61E+23	3.83E+23	3.78E+23	3.82E+23	4.16E+23	4.64E+23

从 2008 年至 2018 年各能值指标的变化趋势来看(图 6.1),榆林市生态经济系统总能值(U)呈现上升趋势。其中,可更新资源能值(R)保持稳定的缓慢上升的趋势,不可更新资源能值(N)呈现不断增长态势,输入能值(I)不断增加,不可更新资源能值占总能值的比重达到 90% 以上。由此可见,榆林市总能值使用量主要依靠不可更新资源,属于高能耗的经济增长模式,这种发展模式导致该区域产业结构层次低、效益差,制约了其可持续发展的空间。输入能值占比较小,说明目前榆林市经济发展主要靠内部环境经济资源的优化配置,对外交流进出口贸易较少。

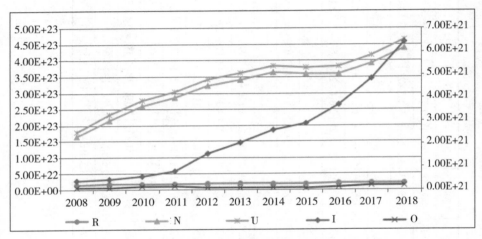

图 6.1　2008—2018 年榆林市生态经济系统能值流量

可更新资源能值中可更新资源环境能值占比为 25.90% ~ 36.85% ,可更新资源产品能值占比为 63.27% ~ 73.99% 。可更新资源环境能值中,雨水势能和雨水化学能占比较大,分别占可更新资源环境能值的 30% 以上,风能占比较小。可更新资源产品能值中,粮食和肉类的能值占比较高,且基本呈现波动增长的态势。

不可更新资源能值中,表土净损耗能从 2008 年到 2017 年呈逐年上升趋势,但上升幅度不大,2018 年表土净损耗能下降,这说明榆林市防沙治沙生态工程建设效益开始凸显,在一定程度上保护了土地资源,减少了水土流失。不可更新资源产品能值呈现逐渐上升趋势,其中,原煤的投入能值最高,占比达到

80%左右，这说明榆林市经济的发展主要依靠原煤的开发和利用，属于能源开发型经济。

2018 年，榆林市资源环境损耗的太阳能值达到 1.24E + 23sej，其中工业废水太阳能值为 1.76E + 20sej，占比为 0.14%；工业废气太阳能值为 8.11E + 20sej，占比为 65.40%；工业废固太阳能值为 4.28E + 22sej，占比为 34.52%。工业废气是造成榆林市生态经济系统环境损耗的主要因素。因此，可以从工业废气减排方面来改善和提升榆林市生态环境（表6.3）。

二、生态经济系统主要能值指标分析

太阳能值理论分析可以避免由于市场价格波动或者通货膨胀等因素造成的经济价值估算的误差，定量分析生态经济系统的结构、功能和资源利用情况，评估一个国家或地区的经济发展潜力。也可以将不同国家或地区的生态经济系统结构情况放在一起进行比较，评估地区之间的差异，可以更好地处理人类经济活动与自然环境之间的关系，实现生态经济系统的可持续发展。

（一）社会子系统评价指标分析

人均能值量是衡量区域人民生活质量与水平的主要指标，2008—2018 年榆林市人均能值使用量不断增加，2018 年人均能值量为 1.36E + 17sej，高于全国大多数地方，如 2012 年福建泉州的人均能值为 9.98E + 15sej（如表6.4），这主要是因为榆林市自然资源比较丰富，能值总使用量较大，而人口相对较少。

6.3　生态经济系统能值指标汇总表

项目	2008	2009	2010	2011	2012	2013	2014	2015	2016	2017	2018
社会子系统评价指标											
人均能值量 P	5.33E+16	6.92E+16	8.26E+16	9.03E+16	1.02E+17	1.07E+17	1.13E+17	1.11E+17	1.13E+17	1.22E+17	1.36E+17
能值密度 ED	4.15E+12	5.40E+12	6.43E+12	7.06E+12	7.96E+12	8.41E+12	8.93E+12	8.82E+12	8.91E+12	9.69E+12	1.06E+13
人口承载量 PC	2.62E+05	2.46E+05	1.98E+05	1.90E+05	1.93E+05	1.91E+05	1.75E+05	1.77E+05	2.06E+05	2.03E+05	1.91E+05
人均电力能值 PE	2.05E+11	2.53E+11	3.08E+11	3.41E+11	3.80E+11	4.07E+11	5.04E+11	5.33E+11	5.90E+11	6.42E+11	6.56E+11
经济子系统评价指标											
能值货币比率 EMR	1.23E+13	1.21E+13	1.06E+13	8.53E+12	7.78E+12	7.85E+12	7.83E+12	8.99E+12	9.16E+12	8.46E+12	7.97E+12
能值交换率 EER	5.7873	7.5710	4.8962	6.3837	22.4952	30.3893	36.8180	58.2107	36.0097	27.4664	40.2749
能值产出率 EYR	470.2314	525.8475	480.4739	378.6317	220.7800	178.9480	148.1568	131.8181	103.6240	86.2746	72.5245
购入能值比率 IU	0.0021	0.0019	0.0021	0.0026	0.0045	0.0056	0.0067	0.0076	0.0097	0.0116	0.0138
能值投资率 IRN	0.0021	0.0019	0.0021	0.0026	0.0046	0.0056	0.0068	0.0076	0.0097	0.0117	0.0140
自然子系统评价指标											
环境负载率 ELR	12.0941	12.9325	16.4097	17.4110	17.7433	18.4714	21.0363	21.2693	18.3113	19.6292	22.3472

续表

项目	2008	2009	2010	2011	2012	2013	2014	2015	2016	2017	2018
能值自给率 ESR	0.9979	0.9981	0.9979	0.9974	0.9955	0.9944	0.9933	0.9924	0.9903	0.9884	0.9862
废弃物能值比率 EWR	0.1125	0.1012	0.1087	0.1933	0.1854	0.1966	0.2287	0.2518	0.2862	0.2435	0.2675
可更新能值比率 RER	0.0762	0.0716	0.0573	0.0542	0.0531	0.0511	0.0451	0.0446	0.0513	0.0479	0.0422
废弃物与可更新能值比率 WR	1.4758	1.4120	1.8968	3.5675	3.4911	3.8500	5.0747	5.6499	5.5799	5.0824	6.3323
可持续综合评价指标											
可持续指标 ESI	38.88	40.66	29.28	21.75	12.44	9.69	7.04	6.20	5.66	4.40	3.25
可持续发展指标 EISD	225.02	307.84	143.36	138.82	279.91	294.41	259.31	360.76	203.78	120.72	130.71
健康能值指数 EUEHI	3674.41	6383.74	3974.42	4792.91	11405.43	12103.82	11159.53	13726.97	8746.52	6307.51	7634.88
改良的健康能值指数	1996.40	3037.48	1315.82	716.44	1502.78	1488.97	1126.02	1421.96	705.26	490.00	481.91

注：表中人口承载量为下限值，上限值为 8 倍下限值。

表 6.4   榆林市与其他区域能值指标的对比

地区	能值密度 (10^{11} sej/m^2)	人均能值量(10^{15} s ej)	环境负载率	可持续发展指数 ESI	能值货币比率(10^{12} sej/ $)	能值自给率(%)	年份
榆林市	106	136	22.2372	3.25	7.97	98.62	2018
鄂托克旗	13.8	–	44.6	0.08	0.77	–	2007
泉州	7.67	9.98	40.19	0.03	1.18	–	2012
陕西	22.56	12.4	28.02	1.35	6.46	–	2007
内蒙古	5.93	29.5	3.13	17.2	27.1	98.1	2003
天津	149.9	16.02	14.45	0.16	3.05	–	2007
河北	15.4	4.23	8.6	68.9	0.634	99.66	2014
辽宁	51.8	17.96	7.8	0.64	2.55	80.0	2010
福建	27.37	9.66	0.3	–	6.75	72.3	2001
宁夏	31.4	31.2	24.32	4.22	4.43	97.96	2015

能值密度是总能值使用量与区域土地面积的比值，反映了区域经济的集约程度与发展强度，其值越大，表明其经济发展水平越高。从 2008 年到 2018 年，榆林市能值密度从 4.15E + 12sej/m^2 上升到 1.06E + 13sej/m^2，增长了 2.55 倍，说明榆林市能值集约度在不断加强。

但是从人口承载量来看，从 2008 年的 26.2 万人下降到 2018 年的 19.1 万人，说明榆林市的生态环境在这期间没有得到很好的改善，仍然在过度利用。2018 年人口承载量上限为 153.2 万人，而 2018 年实际人口数量为 341.78 万人，远远大于人口承载量，说明榆林市生态系统经济处于过度饱和状态。人均电力能值使用量从 2008 年到 2018 年呈现缓慢上升趋势，说明榆林市经济处于不断增长的阶段。

（二）经济子系统评价指标分析

能值货币比率(EMR)是当年该区域总能值的使用总量与当年该区域的国内生产总值的比率，反映的是该区域的经济发展程度。一般而言，经济发展程度越高，能值货币比率越低。近年来，榆林市能值货币比率基本上逐年下降，从

2008 年的 1.23E + 13sej/ \$ 下降到 2018 年的 7.97E + 12sej/ \$，这主要是因为随着经济的快速发展和城市化进程的加快，榆林市 GDP 的增长速度大于其总能值的使用量。

能值交换率(EER)也称为"能值受益率"，是指商品能值(购买者获得的能值)与购买者支付货币相当的能值(即购买者支付的能值)的比率。一般来说，该值越大，该系统经济就相对越发达。从 2008 年到 2018 年，榆林市的能值交换率在 2010 年、2016 年和 2017 年出现下降，总体呈现攀升趋势。

能值产出率(EYR)为系统产出能值与经济反馈(输入)能值之比，是衡量系统产出对经济贡献大小的指标。其值越高，表明系统的生产效率越高。10 年间，榆林市能值产出率从 470.23 下降到 72.52，下降了 6.48 倍，说明榆林市整个生态系统的生产效率在逐步降低。

能值投资率是衡量经济发展程度和环境负载程度的指标，其值越小说明系统发展水平越低而对环境的依赖越强。从 2008 年到 2018 年，榆林市能值投资率与购入能值比率变化基本相同，且值都比较低，说明榆林市经济发展主要依靠自身资源，环境依赖性较强，对外部资源利用较少，从近 10 年的进出口数据来看，进口较少，制约了经济的发展。

总体来说，从 EMR 和 EER 的趋势来看，榆林市经济现代化程度明显提升，进出口贸易在逐步加强，但还是不强，自身能源的生产和利用效率不高，存在资源浪费现象。

（三）自然子系统评价指标分析

环境负载率(ELR)为系统不可更新能源投入能值与可更新能源投入能值总量之比，用来评价系统的环境压力。废弃物能值比率(EWR)指系统对于废弃物的利用率。从 2008 年到 2018 年，榆林市环境负载率从 12.09 增长到 22.34，而废弃物能值比率从 0.1125 增长到 0.2675，相对变化较少，这说明废弃物利用率的提高对系统经济发展程度的影响程度要小于不可更新资源的消耗程度，这样易对环境造成压力。

能值自给率(ESR)是一个国家、地区或城市的本地资源能值投入与国外或外地投入能值之比，用来描述一个国家或地区的对外交流程度和经济发展程度。

可更新能值比率反映系统自然资源的利用潜力。从 2008 年到 2018 年，榆林市能值自给率从 0.9979 下降到 0.9862，这说明榆林市在逐步扩大对外交流，利用外部资源。但是可更新能值比率从 0.0762 下降到 0.0422，说明榆林市自然资源的利用潜力在逐步下降。

（四）可持续发展综合指标评价

美国生态学家布朗（Brown M. T.）和意大利生态学家乌尔吉业蒂（Ulgiati S.）（Brown M. T.，Ulgati S.，1997）提出了能值可持续指标（ESI）为系统能值产出率（EYR）与环境负载率（ELR）的比率。当 ESI < 1 为消费驱动的经济系统，1 < ESI < 10 说明生态经济系统富有活力和发展潜力，ESI > 10 则说明系统经济不发达。之后陆宏芳等对 ESI 指标进行改进，提出了兼顾社会经济效益与生态环境压力的系统可持续发展性能的复合评价指标 EISD，即 EISD 值越高，表示单位环境压力下的社会经济效益越高，系统的可持续发展性能越好（陆宏芳等，2002）。2008 年，刘耕源等基于城市活力、组织结构、恢复力和服务功能维持四方面的协调发展，提出了城市健康能值指数（EUEHI），综合反映区域生态系统的健康水平，EUEHI 越高代表城市系统相对越健康（刘耕源等，2008）。后来又有学者在 EUEHI 的基础上加入了废弃物产生率，提出了改进的城市生态系统健康指数 IEUEHI（Odum H. T.，1993）。具体各指标的变化趋势如图 6.2。

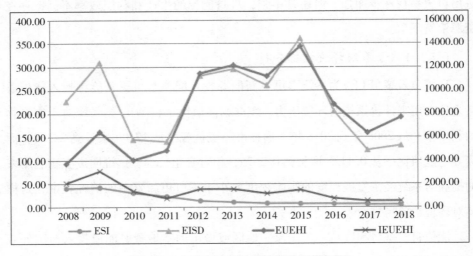

图 6.2　生态经济系统可持续发展指标图

从变化趋势来看，ESI 与 IEUEHI 的变化趋势相似，总体呈下降趋势；EISD 和 EUEHI 的变化趋势相似，呈现波浪式变化。具体来看，榆林市 ESI 指数 2008 年到 2012 年均大于 10，说明在这期间，区域生态经济发展相对落后，资源开发利用程度较低。2013—2018 年 1 < ESI < 10，说明区域经济开始有所发展，表现出较强的生命力和发展潜力；EISD 和 EUEHI 指数都相对较高，说明榆林市单位环境压力下的社会经济效益和生态经济都比较高，系统相对较为健康，但 EISD 指数整体趋势有所降低，这说明系统可持续发展性在降低，应引起重视。从 IEUEHI 指数来看，2009 年、2012 年、2015 年表现出上涨的趋势，这与榆林市进出口贸易有关，在这三年榆林市输入能值大于输出能值，能值交换率较高，对外交流比较活跃，其他年份，IEUEHI 指数不断下降，可持续发展能力不断降低，系统排放的污染物越来越多，生态环境压力增加，系统资源对经济发展的支撑能力在不断下降。

第四节 结论与建议

一、结论

本研究以榆林市为例，研究半干旱荒漠区沙地的生态系统可持续发展问题，来反映生态脆弱区生态经济运行情况。通过 2008—2018 年的数据，建立榆林市生态经济系统能值评价体系，结果显示，2008—2018 年，榆林市生态经济系统总能值使用量不断增加，主要依靠不可更新资源的消耗，属于高能耗的经济发展模式，而工业废气是造成榆林市生态经济系统环境损耗的主要因素。从社会子系统的角度来看，能值密度和人均能值使用量都较高，实际人口远远超过人口承载量的上限，说明榆林市经济在发展，但是生态环境遭到了破坏，整个生态经济系统处于过度饱和状态，不利于未来的可持续发展；从经济子系统的角度看，榆林市经济现代化程度明显提升，进出口贸易在逐步加强，但还是不强，自身能源的生产和利用效率不高，存在资源浪费现象；从自然子系统来看，榆林市环境负载率不断上升，环境压力较大，自然资源利用潜力总体呈现下降趋势。从可持续发展的角度看，榆林市生态经济逐步从落后状态向发展状态演进，但是生态环境压力在逐步增加，系统资源对经济发展的支撑能力在不断下降。

二、建议

榆林市能值自给率在98%以上，不可更新资源占能值使用总量的93%以上，这说明榆林市还属于粗放型、资源高消耗型的经济发展模式，这会增加环境压力，污染和破坏生态环境。因此，要想使榆林市生态经济系统实现可持续发展，可以从以下几个方面进行改进或加强：

（一）转变经济发展模型，促进产业结构调整

加快推动第三产业发展，通过第三产业的发展拉动经济增长。虽然近年来榆林市进出口贸易和旅游收入有所增加，但是还可以进一步加强，利用榆林市自然特色和民俗文化发展绿色旅游产业，培养绿色经济新增长点，逐步摆脱资源的束缚，实现生态经济可持续发展。

（二）优化产业结构升级，发展绿色工业

改变传统落后的发展模式和经营模式，通过科学管理、技术引进、人才引进、金融扶持等途径，提高资源利用率。降低煤炭资源消耗，不断开发太阳能、风能、水能等新能源，代替不可更新资源的消耗。鼓励"节能减排"，减少污染和浪费，实现"低能耗、低污染、低排放"的绿色循环工业智造发展模式。

（三）改变进出口结构，扩大进口量，提高外部资源的输入能力，节约自身资源

对于区域发展来说，不可更新资源是有限的，具有稀缺性和逐步减少的特点，随着社会经济的发展和利用，现有资源会越来越少。因此，榆林市在对外贸易中，要扩大开放力度，适当增加原材料进口，减少出口，留存财富——能值，提高资源可持续发展的能力。

第七章

鄂尔多斯市防沙治沙综合效益评估

鄂尔多斯(Ordos)受自然、地理、人为、历史等原因的影响，成了全中国荒漠化土地分布比较集中和危害比较严重的地区之一。防沙治沙工程在鄂尔多斯地区的长期开展，一定程度上减轻了风沙的危害，并取得了防沙治沙的成绩，但鄂尔多斯仍处于荒漠化危害的威胁之中，荒漠化治理的现状依旧不容乐观。本部分选取鄂尔多斯市为研究区域，重点考察鄂尔多斯市防沙治沙工程综合效益的影响因素及溢出性等问题。

第一节　研究区域概述

一、研究区域

鄂尔多斯市位于 $106°42'E \sim 111°27'E$、$37°35'N \sim 40°51'N$ 间，东西长约 400km，南北宽约 340km(白雪，2015)。地处内蒙古自治区西南，下辖七旗二区。总面积 86752km^2。位于黄河河套平原的中央地区，毗邻山西、陕西和宁夏三省。鄂尔多斯市自 2015 年后新成立康巴什新区，因此辖区共有 2 区 7 旗，其中包括东胜区、康巴什区和以下几个旗：准格尔旗、达拉特旗、杭锦旗、鄂托克旗、鄂托克前旗、乌审旗、伊金霍洛旗(鲁丽波，2013)。由于本部分研究数据统计截至 2015 年，因此，本部分统计分析时未将康巴什新区单独列出，仅考虑东胜区、达拉特旗、准格尔旗、鄂托克前旗、鄂托克旗、杭锦旗、乌审旗、伊金霍洛旗等 8 个地区。具体所辖区旗的统计如表 7.1 所示。

表7.1　鄂尔多斯市辖区情况统计表

编号	地区	经度	纬度	地理相接地区
1	东胜区	110.00	39.82	达拉特旗、准格尔旗、杭锦旗和伊金霍洛旗
2	达拉特旗	110.03	40.40	东胜区、准格尔旗、杭锦旗和伊金霍洛旗
3	准格尔旗	111.23	39.87	东胜区、达拉特旗和伊金霍洛旗
4	鄂托克前旗	107.48	38.18	鄂托克旗和乌审旗
5	鄂托克旗	107.98	39.10	鄂托克前旗、杭锦旗和乌审旗
6	杭锦旗	108.72	39.83	东胜区、达拉特旗、准格尔旗、鄂托克旗、乌审旗和伊金霍洛旗
7	乌审旗	108.85	38.60	鄂托克前旗、鄂托克旗、杭锦旗和伊金霍洛旗
8	伊金霍洛旗	109.73	39.57	东胜区、准格尔旗、鄂托克旗、杭锦旗和乌审旗

数据来源：久久时间网。

二、生态环境

鄂尔多斯市地形高低不平，整体呈现西北方位较高、东南方位较低的态势，且地形复杂。区域内所包含的毛乌素沙漠，占全市28.78%的面积，库布齐沙漠也占土地面积近20%（杨晶晶，2011）。鄂尔多斯属于北温带半干旱大陆性气候区域。该气候特点主要表现为干旱少雨，风沙大，植被稀少，植物覆盖度低，季节变化大。年平均气温 6.2℃，年平均降水量 348.3mm。夏季多雨，夏季的降水量占全年降水量约 70%。但从每年蒸发量的统计来看，年降水量仅为蒸发量的 1/7，说明降水量远远不够维持植被生态所需。区域内常年伴随大风，年平均风速为 3.6m/s，最大风速为 22m/s。全年 8 级以上的大风天数超过 40 天，并伴随着沙尘和沙尘暴。每年约有 1.6 亿 t 泥沙进入黄河，占黄河流域泥沙输入总量的 10% 以上。荒漠化和土壤侵蚀非常严重，影响了鄂尔多斯市乃至华北地区的生态安全。因此，鄂尔多斯的生态建设也成为我国生态建设的重点区域。

在鄂尔多斯市 2000 多种野生动物资源中，相当一部分属于国家保护物种。根据有关研究，鄂尔多斯海鸥种群是世界上三大繁殖种群，已发现 5000 多只海鸥。白天鹅、貂和黄喉貂在当地都具有较大的数量且该类动物均具有较高的经济价值。鄂尔多斯有 800 多种植物资源，约 400 种植物可用作药用。甘草、枸杞、柴胡等常见的药用植物在鄂尔多斯当地均有大量的产出。其他相当数量的沙棘植物，如沙棘和芥菜，对食品经济发展具有很高的价值（乌云塔娜，2006）。

鄂尔多斯的土壤类型主要为栗钙土、棕钙土、灰漠土及风沙土，地域分布明显，由东南向西北依次排布。北部沿黄河平原、中东部沿低山沟谷、南部沿低洼滩地等，随不同地形变化分布有盐土、潮土、沼泽土和大面积的风沙土。根据我国降水的分布规律以及地区的特征，鄂尔多斯的植被分布呈现出明显的地带性变化，从草原逐步向沙化环境过渡，生态环境脆弱度递增（代爽，2013）。生态环境脆弱，气候环境的整体变化，人为活动的干扰范围不断扩大，使原本就脆弱的生态环境遭受到较大的冲击，并造成严重的影响。目前，草原生态系统的功能受损，植被减少，土地功能减退，这应引起对生态环境保护的重视。

三、经济发展

2016 年，鄂尔多斯市国内生产总值 3579.81 亿元，比上年增长 5.8%。第一产业增加值 111.27 亿元，增长 3.8%，拉动 GDP 增速增加 0.1%。第二产业增加值 1889.83 亿元，增长 4.5%，对经济增长贡献 40.18%，拉动 GDP 增长 2.3 个百分点。第三产业增加值 1578.71 亿元，增长 7.4%，对经济增长贡献

57.77%，拉动 GDP 增长 3.4 个百分点。产业结构为 3.1∶52.8∶44.1。

2016 年，农业、林业、畜牧业、渔业和服务业的产出为 182.9 亿元，比 2015 年增长 3.1%。其中，农业总产值 102.4 亿元，林业产值 730 亿元，畜牧业总产值为 67 亿元，渔业产值 2.5 亿元。2016 年，全市农作物总种植面积为 43.72 万 hm^2。其中，粮食播种面积为 25.99 万 hm^2，全年粮食总产量 1488 万 t，比 2015 年同期增长 0.7%。2016 年，机械耕地面积已经全面覆盖农作物种植面积，机械播种面积比例为 87.7%，机械收获面积比例为 55.9%，农业种植综合机械化水平为 82.5%。在 2017 年的中国的地级市整体小康指数的排名中，鄂尔多斯排名第九，整体经济发展良好。

四、社会发展

截至 2016 年年末，鄂尔多斯市各级各类学校，共计拥有在校学生 328000 名。全市有 4 所高校，7982 名学生。普通初高中达 68 所，就读学生总人数达 79984 人。7 所职业高中，9009 名学生。131 所普通小学，135326 名学生。308 所幼儿园，87427 名学生。鄂尔多斯在科技成果方面也取得很大的成绩，其中 2016 年一年就获得了 40 余项科创成果，通过审核获批的专利数就达 1500 余件，较之 2015 年同比上涨近 85%。其中，授予专利 913 件，比 2015 年同期增长 66.0%。确定并登记了 22 项技术合同，营业额 4626 万元，分别比 2015 年同期增长 46.7% 和 136.7%。在科技创新领域，2016 年共有 13 家高新技术企业落成，均为国家级企业，另外还组建了区级研发中心 4 所，区级工程技术研发中心 1 个，院士工作站点 2 个。2016 年，鄂尔多斯拥有 10 个文化博物馆和大众艺术画廊，组织了 2156 场文艺活动，50 个乡镇文化站，共建造公共图书馆、博物馆、艺术表演团 24 个，建造主要目的在于提升民众文化知识素养，所组织的 1165 场演出极大地丰富了当地居民日常业余生活。鄂尔多斯市也实现了广播电视综合全覆盖的目标，有线电视用户数量为 340000 户。在该市有 87000 个家庭使用实况卫星，182000 个家庭使用地面数字电视。该市有 12274 部免费电影和 110 万观众能够享受到免费电影带来的福利。

五、沙漠化情况与成因

鄂尔多斯市面积仅有 8.7 万 km^2，但是，其荒漠面积却达到了区域面积的 75.34%。沙漠化的程度是内蒙古自治区沙化情况最为严重的地区之一，同时也是全国范围内最为严重的荒漠化地方之一（王美秀、李洁，2015）。处于干旱与半干旱的荒漠生态系统本身就极为脆弱，容易受到破坏，且生态脆弱性还表现在恢复的难度较大，一旦受到荒漠化的影响，也可能造成难以逆转的损害。

内蒙古的草原也受到荒漠化的影响，且大多数是由自然因素和人为因素共同造成的。一些研究指出，人为因素占荒漠化影响的 90% 以上。首先，由于过去"重农轻牧"观念的影响，过度农田开发引起过度放牧并造成大面积草原的破坏，加上缺乏有效的投资和管理，一些草地逐渐变成了沙海，并被废弃。对沙生植物的过度采挖也成为沙漠化的"帮凶"，由于过度吹捧某些沙生植物的药用功效，使得农牧民对于沙生植物采取了破坏式采挖，这样造成的土地生态的退化是难以恢复的。煤矿过度开采也是当地荒漠化的主要原因之一。内蒙古土地辽阔，资源丰富，自然优势得天独厚，内蒙古的矿产资源在我国各地区也是十分有优势的。但是由于多年的开采，开采的技术比较落后，生态保护理念的缺失，这样的资源优势变成了生态灾难的元凶，虽然经济水平有了很大提高，但优质的生态环境被牺牲掉了。随着城市化和工业化进程的加快，人畜需水量逐年增加，水资源使用不当，粗放式的使用方式，造成了大量的浪费。近年来，旅游开发、大型建设项目的发展也是引起沙漠化趋势加重的主要因素之一。另外，一些天然草原和森林被投资者胡乱开发，并不加节制地破坏，使一些原本生态环境十分脆弱的地区沙漠化不断加重。

六、防沙治沙工程建设情况

2012 年，鄂尔多斯市抓住创建"国家森林城市"的战略机遇，加强对当地林业生态工程的建设，精心打造当地优秀生态工程，努力营造森林"围城、进城、兴城"的生态建设新格局。在荒漠化和沙化土地治理进程中，鄂尔多斯市全面推进天保工程、退耕还林工程、"三北"防护林建设工程等国家林业重点工程建设。建设优化了林木结构，不仅提高了防护林的生态效益，还促进了经济效益的发挥，也建成了相应的经济林与原料林带。通过建设不同的林业网带，形成了林业片区，构建打造一个全方位、多效益的林业防护林体系，对地区的发展起到了良好的防护作用。

在取得防沙治沙成效的同时，2016 年，鄂尔多斯市共计增加城镇绿化面积 1600 万 hm^2。全市完成林业重点生态建设规划任务 40 万 hm^2，森林资源总面积达到 243 万 hm^2，森林覆盖率达到 28%。沙化重灾区的毛乌素沙地的治理率达到 75%，库布其沙漠的工程治理率也达到了 30%。由荒漠化的调查数据可知，相较于 2009 年，沙漠化总面积锐减近 21 万 hm^2，每年治理沙化土地近 4.3 万 hm^2。共建设林木面积近 240 万 hm^2，其中包括油松、樟子松、沙棘、山杏等，与此同时，林木结构与质量也得到提升，森林综合防护能力显著增强。同时，林业产值突破 50 亿元，农牧民的人均收入显著增加。根据气象统计数据，造林前后，全市年平均大风日数和沙尘等极端天气出现的次数大幅减少，强度与之前相比也有所减弱，生态环境向好的方向发展。鄂尔多斯市由于治沙工作的阶段性成绩，也曾先后荣获全国绿化模范、全国生态建设突出、防沙治沙先进集体等称号。但是，不容忽视的是全市仍有 117 万 hm^2 土地处于深度荒漠化中，123 万 hm^2 土地处于深度沙化水平，另有 13.2% 的土地有沙化扩张的趋势。因此，鄂尔多斯市的土地荒漠化、沙化的严峻形势还没能得到完全的改善，开展防沙治沙的工作依然十分艰巨。

第二节　指标设计与数据收集

一、指标设计

研究在参考林业工程效益监测评价指标体系的基础上，综合考虑生态、经济、社会、文化、科技等各种因素的影响，根据《林业统计监测评价指标体系与方法》一书的相关文献资料(陈文汇等，2013)，构建防沙治沙工程综合效益评价的指标体系，在该指标体系中，共分为 3 级，一级指标 3 个，二级指标 7 个，三级指标 28 个。在三级指标中，有 19 个正向指标(+)，9 个逆向指标(-)，具体如表 7.2 所示。

表 7.2　防沙治沙工程综合效益评价指标体系

一级指标 （总体层）	二级指标 （目标层）	三级指标 （指标层）	单位	指标 性质
生态效益 指标	资源指标	森林覆盖率	%	+
		森林蓄积量	hm^3	+
		有林地单位面积平均生长量	m^3	+
		成过熟林占森林面积比重	%	+
		森林面积年均净增长率	%	−
	生态指标	防护林面积比重	%	+
		土地荒漠化面积	hm^2	+
		天然林面积占森林面积比重	%	+
		年均相对湿度	%	+
		年均降水量	mm	+
		年均气温	℃	−
经济效益 指标	经济产出 指标	GDP 增长率	%	+
		人均 GDP	万元	+
		林业生产总值	万元	+
		农林牧渔业生产总值	亿元	+
	产业结构 指标	第一产业比重	%	−
		第二产业比重	%	−
		第三产业比重	%	+
		科技贡献率	%	+
		每万元产值的森林资源消耗量	%	−
社会效益 指标	社会基础 情况指标	人口密度	人/hm^2	−
		人均收入	元	−
		人均寿命	岁	+
		居民消费水平	元	+
		恩格尔系数	%	−
	社会生态 指标	人均景观面积	hm^2	
		人均游憩面积	hm^2	+
		人均绿化面积	hm^2	+

在实际评价中，为了减少计算的工作量，上述 28 个指标可以进一步压缩和减少。从国家林业和草原局对防沙治沙工程综合效益评价的实际应用来看，上述评价指标可以压缩为 9 大指标(冯春丽、游娇娇，2015)，具体见表 7.3。

表 7.3 防沙治沙工程综合效益评价压缩指标

一级指标 （总体层）	二级指标 （目标层）	三级指标 （指标层）	单位	指标 性质
生态效益指标	资源指标	造林面积	hm²	+
		森林覆盖率	%	+
	生态指标	年降雨量	mm	+
		年均气温	℃	+
经济效益 指标	经济产出 指标	地区人均 GDP	元	+
		林业生产总产值	万元	+
	产业结构 指标	林业在总产值中的比例	%	+
		农牧区常驻居民人均可支配收入	元	+
社会效益 指标	社会基础情况 指标	居民消费水平	元	+

数据来源：EPS 数据库、国家林业局、《鄂尔多斯统计年鉴》、各旗县林业统计局官网等。

二、数据来源

研究的数据主要来源于 1999—2015 年的《内蒙古统计年鉴》《中国林业统计年鉴》《鄂尔多斯统计年鉴》、鄂尔多斯气象网站等，筛选整理出 1999—2015 年鄂尔多斯市各旗县全部指标的相关数据，并对鄂尔多斯防沙治沙工程综合效益进行评价和分析。

在数据收集中，对于部分缺失的数据，研究主要采用差分法予以补充。

第三节　防沙治沙工程综合效益评估

一、评估指标的无量纲化

评估指标包括极大值、极小值、中间值和区间值等指标。对于不同计量单位和量纲的评估指标，首先要进行指标的无量纲化处理。

常见的无量纲化处理方法有标准差方法、极值差方法和功效系数方法等。

假设有 m 个评估指标，有 n 组观测样本值，采用不同无量纲化处理方法的公式为：

（1）标准差方法

令 $x'_{ij} = \dfrac{x_{ij} - x'_j}{s_j}(i = 1, 2)$，其中，

$$x'_j = \frac{1}{n}\sum_{i=1}^{n} x_{ij} \tag{7-1}$$

$$s_j = \left[\frac{1}{n}\sum_{i=1}^{n}(x_{ij} - x_j)^2\right]^{\frac{1}{2}} \tag{7-2}$$

其中指标 $x'_{ij}(i = 1, 2, \cdots, n; j = 1, 2, \cdots, m)$ 的均值和均方差分别为 0 和 1，即 $x'_{ij} \in [0, 1]$ 是无量纲的指标，称之为 x_i 的标准观测值。

（2）极差方法

$$x'_{ij} = \frac{x_{ij} - m_j}{M_J - m_j}(i = 1, 2, \cdots, n; j = 1, 2, \cdots, m) \tag{7-3}$$

其中 $M_j = \max_{1 \leqslant i \leqslant n}\{x_{ij}\}$，$(j = 1, 2, \cdots, m)$，$m_j = \min_{1 \leqslant i \leqslant n}\{x_{ij}\}$，$(j = 1, 2, \cdots, m)$，则 $x'_{ij} \in [0, 1]$ 是无量纲的指标观测值。

（3）功效系数法

首先分别确定各指标的范围值，再通过设定的功效函数的公式去计算不同的评价指标值。最后，通过加权评价的方式，得到所需要的综合评价的指标值。

$$功效系数\ d_i = \frac{x_i - x_s}{x_h - x_s} \tag{7-4}$$

式中 x_h 和 x_s 分别为各项指标的满意值和不允许值。一般将指标范围内的最佳、最差值提前筛选出来，对于正向指标，分别是最大值与最小值，对于负向指标则相反。因此，功效系数为：

$$\text{正指标 } d_i = \frac{x_i - x_{min}}{xmin_{max}}, \quad \text{逆指标 } d_i = \frac{x_i - x_{max}}{xmax_{min}} \tag{7-5}$$

一般功效系数的取值范围为 $0 \leqslant d_i \leqslant 1$。

二、指标权重的确定

指标权重确定的方法主要有主观赋权法和客观赋权法。其中主观赋权法包括德尔菲法、专家打分法、AHP 法、模糊综合评价法。客观赋权法包括因子分析法、熵值方法、变异系数法、灰色关联分析法、粗糙集理论和方法、接近理想解的排序方法等（彭张林等，2014）。本研究主要采用熵权法确定指标的权重。根据熵权法确定的鄂尔多斯防沙治沙工程综合效益评估的各指标权重如表 7.4 所示。

表 7.4 鄂尔多斯防沙治沙工程综合效益评估指标权重

一级指标（总体层）	二级指标（目标层）	三级指标（指标层）	指标权重
生态效益指标	资源指标	造林面积	0.1114
		森林覆盖率	0.1153
	生态指标	年降雨量	0.1130
		年均气温	0.1172
经济效益指标	经济产出指标	地区人均 GDP	0.1009
		林业生产总产值	0.1104
	产业结构指标	林业在总产值中的比例	0.1132
		农牧区常驻居民人均可支配收入	0.1103
社会效益指标	社会基础情况	居民消费水平	0.1082

三、综合效益评估

根据上述指标和确定的权重，按照指标法计算 1999—2015 年鄂尔多斯各旗县防沙治沙工程综合效益的评估值如表 7.5 所示，各旗县防沙治沙工程综合效益值变化情况如图 7.1 所示。

表 7.5　1999—2015 年鄂尔多斯防沙治沙工程综合效益评估值

地区/年份	1999	2000	2001	2002	2003	2004	2005	2006	2007
东胜市	0.0027	0.0034	0.0038	0.0047	0.0059	0.0088	0.0127	0.0172	0.0267
达拉特旗	0.0024	0.0032	0.0037	0.0042	0.0047	0.0061	0.0087	0.0109	0.0149
准格尔旗	0.0021	0.0026	0.0032	0.0039	0.0055	0.0086	0.0128	0.0185	0.0277
鄂前旗	0.0006	0.0008	0.0011	0.0010	0.0012	0.0013	0.0016	0.0017	0.0024
鄂托克旗	0.0011	0.0013	0.0017	0.0018	0.0027	0.0039	0.0056	0.0075	0.0104
杭锦旗	0.0009	0.0013	0.0013	0.0013	0.0017	0.0020	0.0023	0.0029	0.0032
乌审旗	0.0009	0.0011	0.0015	0.0014	0.0017	0.0020	0.0031	0.0041	0.0068
伊旗	0.0012	0.0015	0.0019	0.0025	0.0038	0.0065	0.0085	0.0121	0.0186
地区/年份	2008	2009	2010	2011	2012	2013	2014	2015	
东胜市	0.0367	0.0466	0.0587	0.0700	0.0779	0.0807	0.0786	0.0881	
达拉特旗	0.0205	0.0259	0.0313	0.0372	0.0415	0.0442	0.0457	0.0434	
准格尔旗	0.0364	0.0496	0.0616	0.0761	0.0917	0.0963	0.1014	0.1015	
鄂前旗	0.0031	0.0038	0.0050	0.0067	0.0090	0.0113	0.0122	0.0122	
鄂托克旗	0.0145	0.0207	0.0254	0.0305	0.0353	0.0397	0.0425	0.0402	
杭锦旗	0.0033	0.0043	0.0050	0.0059	0.0070	0.0077	0.0083	0.0088	
乌审旗	0.0102	0.0144	0.0177	0.0223	0.0288	0.0348	0.0374	0.0368	
伊旗	0.0270	0.0362	0.0435	0.0518	0.0585	0.0598	0.0621	0.0607	

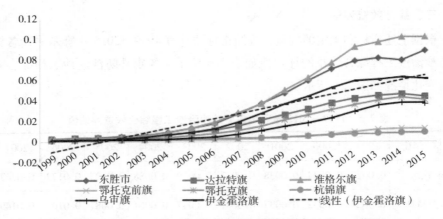

图 7.1　1999—2015 年鄂尔多斯各旗县防沙治沙工程综合效益变化情况

因此，由表 7.5 和图 7.1 可以看出，1999—2015 年，鄂尔多斯各旗县防沙治沙工程综合效益水平均有明显的提升，最高值为准格尔旗，达 0.1015。全市自 2000 年后综合效益出现了明显的上升趋势，2012 年后出现了增长趋缓的趋势。1999—2015 年，防沙治沙综合效益水平一直处于较高水准的地区有准格尔旗、东胜市、伊金霍洛旗。达拉特旗、鄂托克旗和乌审旗处于综合效益值的中游水平，杭锦旗、鄂托克前旗属于综合效益值较低的区域。

第四节　防沙治沙工程综合效益空间外溢性分析

一、相关空间计量理论

空间计量经济学是 20 世纪七八十年代开始出现的计量经济学的分支。近年来，不同研究领域均涉及空间统计分析技术利用的问题。许多外国学者选择利用空间统计分析技术来探求一些变量的空间分布问题，并探讨分析不同现象的原因（Anselin，1988）。也有一些学者通过引入空间统计方法，进行一些变量的空间分布特征和空间相关性的研究（常显显等，2009）。顾德契（Goodchild）指出，几乎所有空间数据都会具有空间依赖性，而空间依赖意味着空间中的表征不是独立存在的，而是具有一定的相关性(冯春丽、游娇娇，2015)。

（一）研究假设

本部分主要研究区域经济行为的空间变化规律，解决区域经济数据的空间关联问题。传统的计量经济学理论研究的基本假设是数据模型遵循高斯马尔可夫条件，即数据必须符合一致性且非异方差。它分析的重点常常忽略了由于地理空间的邻近所带来的空间性问题，包括相关性与异质性问题。当空间依赖性出现时，打破了大多数传统统计学与计量经济学中的一些基本假设，一般的经济模型也无法进行有效估计。因此，将空间效用纳入计量经济学分析，一定程度上是对传统方法的继承和发展，使传统分析更加完善(Toblers，1979)。目前，随着安塞尔等学者的不断研究和发展，空间计量分析框架体系逐渐成为经济学分析的一个新分支(安塞尔·M. 夏普等，2015)。空间计量的基本内容是在经济模型中引入空间效应并考虑其产生的影响，目前，主要利用 Arcgis、Geoda 等辅助技术，越来越多的研究人员开始使用这种分析方法。

根据空间计量经济学理论，空间单元的某种因素与其邻近的相关空间单元的一些因素均有关系。那么，我们在研究的过程中，如果忽略地理空间内部之间的影响，所设置的估计模型就很可能存在较大的误差(Lesage and Page，2003)。在荒漠化防治的研究中，现有文献的研究常常只考量本地区的情况，而忽略周边其他地区的影响或情况。根据空间计量经济学的有关理论，我们认为空间单元均具有联系性，单纯的忽略空间影响的行为将造成评估结果的失真。一个地区所采取的各项政策与投入的力度会被其他区域所产生的综合效益观测到，并产生一定程度的影响。鉴于此，本部分主要根据空间计量经济学的理论，分析荒漠化防治综合效益的空间影响以及空间溢出效应对邻近地区综合效益的影响程度大小。

（二）空间依赖性与异质性

空间依赖性就是指空间相关性，是描述变量存在相关性的一种方式，不局限于地理意义上的相关。但本部分假设空间存在相关性，并用相关数据、模型来验证区域观测对象是否存在空间效应。安瑟林(Anselin)和雷伊(Rey)(1991)在这一理论研究的基础上，进一步区分了异质空间依赖性和滋扰空间依赖性。

在某些区域的经济或政策改进历程中，所展现的空间依赖性特征是的确存在的，这是由于空间之间确实存在相互的作用。在经济系统中，经济因素的流动、技术的扩散、资本的流动和劳动力的跨区域流动等通过经验效应、激励效应和竞争效应等产生空间相关性。空间异质性就是指空间的差异性。这个词描述的就是由于空间分布或结构特征的差异性所引起的不同空间个体存在的差异，主要用于反应空间关系的不稳定的情况。在现实情况中，空间异质性所表达的是由于空间的不同所导致的这个地区所存在的空间特质的情况。空间异质性的存在，就是提醒研究人员要注意区域空间单元的区别，在研究区域问题的时候，要加大对其不同的空间单元的空间特征的关注。

（三）空间权重矩阵

空间权重矩阵的设置是研究使用空间计量方法的前提，一般用空间权重矩阵来表达空间的互相作用关系。显然，空间权重矩阵的设置是进行空间计量研究的一个十分重要的步骤。其主要的方式包括三种。①二进制邻接矩阵：假定具有共同边界，空间才会关联，一般通过 Rook 邻近计算得来。②空间距离权重矩阵：基于"有限距离"而产生的计量方法，超出一定范围则认定无关联。③空间经济权重矩阵：主要以地区间的经济文化作为考量对象，进而设置的权重矩阵。

本部分空间权重矩阵设定方式主要沿用空间计量模型中使用的二进制邻接矩阵法，采用地理邻近 0－1 赋值法对鄂尔多斯共计 8 个旗县的空间关系加以核定。

（四）莫兰指数

1. 全局莫兰指数

全局莫兰指数（Moran's I）是用来反映所研究的区域单元在空间范围内的分布情况。Moran's I 的取值范围在 －1 到 1 之间变动，为 0 时表示不相关，越趋近于 －1 表示差异越大，越趋近于 1 表示关系越密切。根据不同的情况，我们可以将其分为三种状态：聚集、分散、随机。这三种状态直观地显示出该地区是否具有"马太效应"，能够比较清晰地反映出聚集效应的强弱情况。一般通过以下公式来具体计算：

$$I = \frac{n \sum_{i=1}^{n} \sum_{j=1}^{n} (W_{ij} \mid x_i - x \mid \mid x_j - x \mid)}{(\sum_{i=1}^{n} \sum_{j=1}^{n} W_{ij}) \sum_{i=1}^{n} \mid x_i - x \mid^2} \tag{7-6}$$

Moran's I 指数可以通过全局 Geary 系数来检验聚集的情况，计算公式为：

$$Z = \frac{1 - E(I)}{\sqrt{VAR(I)}} \tag{7-7}$$

当 Z = 1.96 时，零假设被否定，观测变量的空间自相关性显著。相反，如果零假设被接受，则在整个目标区域中观察到的变量没有显著的空间自相关。正的 Z 值表示存在高值集中的区域，负的则表示存在低值集中的区域。

2. 局域莫兰指数

局域莫兰指数(local Moran's I)是在全局莫兰指数的基础上的一个弥补性的计算指数。局域莫兰指数由安瑟林(1995)提出，测算公式如下：

$$I_i = \frac{x_i - X}{S} \sum_{j=1}^{N} W_{ij}(X_j - X) \tag{7-8}$$

$$S = \sum_{j=1, j \neq 1}^{N} \frac{X_j^2}{N-1} - X^2 \tag{7-9}$$

其中，局域莫兰指数为某一个区域的局部相关性系数，即局部莫兰指数。X_i 与 X_j 是两个不同区域的指标值，W_{ij} 为之前所设置的 0 - 1 空间权重矩阵。局域莫兰指数的计算结果：正的 I_i 时，说明在这个空间里，该区域单元与该单元的邻近区域单元具有相同的属性；负的 I_i 时，说明该区域单元与该单元的邻近区域单元具有完全不一样的属性。局域指数与全局莫兰指数相同的地方在于，所有 z 值检验可以反映全局或局域莫兰指数的显著性水平。

3. 莫兰散点图

安瑟林(1996)提出的莫兰散射也被广泛使用。莫兰散点图的分散情况代表了空间的稳定情况，并用来考量研究的区域单元的相似度。莫兰散点图主要把空间联系降维，并进行可视化的二维图示。一般利用散点图把空间划分为四个象限，在不同的象限表达不同的空间联系形式。笛卡尔第一象限表示的是高值区域聚拢，与之相对的是第四象限表示的低值区域聚拢，二者均表达空间之间存在相关性。第二、三象限都分别由完全不同属性的区域所围绕，表达空间之间存在异质性。根据莫兰散点图的不同象限，可以辨别出空间分布的要素实际差异类别。

二、综合效益空间外溢性计量

根据前面所述，本部分主要采用使用较为广泛的邻接矩阵法获得综合效益空间外溢性计量的权重矩阵，具体如表7.6所示。

表7.6 综合效益空间外溢性计量权重矩阵

	东胜	达旗	准旗	鄂前旗	鄂旗	杭锦旗	乌审旗	伊旗
东胜市	0	1	1	0	0	1	0	1
达拉特旗	1	0	1	0	0	1	0	0
准格尔旗	1	1	0	0	0	1	0	1
鄂托克前旗	0	0	0	0	1	0	1	0
鄂托克旗	0	0	0	1	0	1	1	0
杭锦旗	1	1	0	0	1	0	1	1
乌审旗	0	0	0	1	1	1	0	1
伊金霍洛旗	1	1	1	0	0	1	1	0

（一）全局 Moran'I 指数

在此基础上，利用 STATA 软件计算 1999—2015 年鄂尔多斯各旗县防沙治沙工程综合效益指数的全局 Moran's I 指数如表7.7所示。

表7.7 1999—2015 年全局 Moran'I 计算值

变量	I	E(I)	sd(I)	z	p*
y	0.538	−0.007	0.056	9.690	0.000

由计算结果可以看出，莫兰指数值为 0.538 > 0，Z 为正且均值 > 1.96，即拒绝原假设。因此，其说明鄂尔多斯市下辖的各个旗县的防沙治沙工程综合效益值的空间分布不是完全随机状态，在空间层面呈现出了空间集中聚拢的特征，且这一现象十分明显，即所谓的"马太效应"。这一指数值也说明鄂尔多斯市防沙治沙工程综合效益值具有强烈的空间相关性。因此，将空间原因考虑进计量模型是十分有必要的。

（二）局域 Moran'I 指数

同样，计算局域 Moran'I 指数，并画出散点图如图7.2所示。并选取 1999

年、2005 年、2010 年、2015 年，分别画局域莫兰指数散点图如图 7.3 所示。

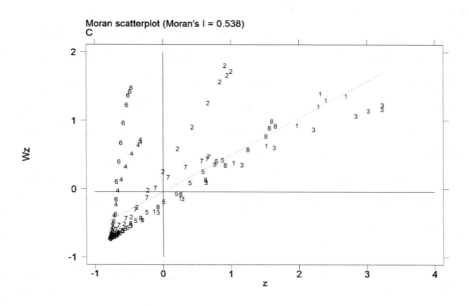

图 7.2　局域莫兰指数散点图

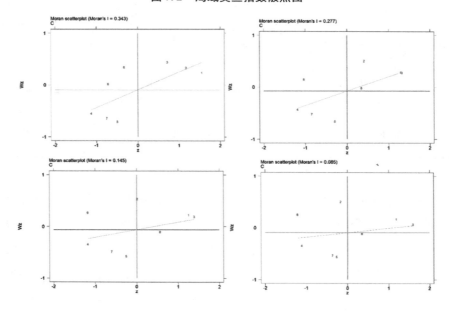

图 7.3　1999 年、2005 年、2010 年、2015 年局域莫兰指数散点图

图 7.2 给出了 1999—2015 年面板数据的局域莫兰散点图分布情况，图 7.3 分别为 1999 年、2005 年、2010 年、2015 年的局域莫兰散点图。在图 7.3 中，将象限区分为四块：第一象限为"H－H"集聚型地区，表示本区域与相邻区域综合效益水平均相对较高；第二象限为"L－H"集聚型地区，表示本区域综合效益水平低而相邻区域水平较高；第三象限为"L－L"集聚型地区，表示本区域与相邻区域综合效益水平均较低；第四象限为"H－L"汇聚型区域，表明本区域综合效益程度高而周边区域程度较低。从整体看，在 1999—2015 年中的 4 个年份中，LISA 图均显示效益评估地区主要分布于第一、第二、第三象限，其中位于第一、第三象限的旗县相对较多，位于第二、第四象限相对较少（图 7.2）。因此，其说明鄂尔多斯市防沙治沙工程综合效益具有显著的集聚型分布特征。具体分布统计如表 7.8 所示。

表 7.8　1999—2015 年防沙治沙工程综合效益莫兰散点图对应地区

年份	高－高	低－高	低－低	高－低
1999	东胜市、达拉特旗、准格尔旗	杭锦旗、伊金霍洛旗	鄂前旗、鄂托克旗、乌审旗	无
2005	东胜市、达拉特旗、准格尔旗、伊金霍洛旗	杭锦旗	鄂前旗、鄂托克旗、乌审旗	无
2010	东胜市、达拉特旗、准格尔旗	杭锦旗	鄂前旗、鄂托克旗、乌审旗	伊金霍洛旗
2015	东胜市、准格尔旗	达拉特旗、杭锦旗	鄂前旗、鄂托克旗、乌审旗	伊金霍洛旗

由计算结果可以看出，1999—2015 年"高－高"集聚型地区由 3 个增加到 2005 的 4 个，到 2015 年减为 2 个，说明在 1999 年至 2005 年期间，各地区的生态环境情况发生了动态的变化。东胜市、准格尔旗一直处于"高－高"集聚型区间，在自身良好发展的同时，表现出较好的效益扩散趋势。达拉特旗在 2015 年降至"低－高"区间，说明自身区域综合效益情况出现了降低。伊金霍洛旗在 1999 年至 2015 年内由"低－高"区间转为"高－低"区间，表明该地区防沙治沙工程的综合效益水平不断提升，而周边地区综合效益变弱。鄂托克旗与鄂托克

前旗、乌审旗始终处于"低－低"区间，综合效益未得到较大的改善，也无法从周边区域获得改进的影响，主要是由于这三个地区邻近毛乌素沙漠，周边环境恶劣，防沙治沙工程对周边旗县的影响很小或没有。整体上来说，鄂尔多斯市生态环境北部要优于南部地区，从莫兰散点图的变化也可看出这一趋势。

三、防沙治沙工程综合效益影响因素分析

本部分主要根据上述综合效益值的计算结果，把该评估结果作为被解释变量，并从多角度探究影响综合效益的主要影响因素。

（1）环境投入（Environmental input）：各项生态工程包括防沙治沙工程都离不开基本的投资作用。投资即是为获得预期收益而进行的货币等投入，包括环保生态技术开发、植树造林、水利环境设施建设等。这些资本和其他投入，统称为环境投入。

（2）产业结构（Industrial structure）：产业结构对于生态环境有很大的影响，发展选择的产业结构不同，使得经济发展的驱动对于环境压力有相当大的差别。因而，评价产业结构的合理性与否就显得至关重要。不同的产业结构不但明显影响地区社会经济的发展，并且给生态环境也带来不同的影响（张培锋，2008）。因此，在进行生态效益评价时，应该考虑产业结构的影响。

（3）劳动力投入（Labor input）：自 1998 年以来，我国政府对林业现有资源进行了系统评价。针对先天存在的林业生态底子薄弱的情况，先后实行退耕还林工程、天保工程、京津风沙源治理工程、"三北"防护林建设工程等六大林业重点工程。除了增加大量的资源外，还进行了大量的人力、物力等投入（刘越，2017）。

除上述主要影响因素外，还有自然因素、其他的人为因素，如降雨、温度、政策等因素都会对防沙治沙工程综合效益产生影响。

（一）变量选取

根据上部分的分析，选取影响防沙治沙工程综合效益的主要指标有三个。①环境资金投入：主要用林业固定投资占 GDP 比重来表示。②产业结构：主要用第一产产值在 GDP 中的比重来表示。③劳动力投入：用林业投入劳动力总数

在地区总人数中的比重来表示。其他影响因素本部分研究暂不考虑。数据主要来源于国家统计局官网、《中国统计年鉴》《内蒙古统计年鉴》《腾飞的内蒙古》、内蒙古各级政府公报等。不同变量的整理见表7.9。

表7.9 变量选取表

变量类型	符号	变量名称	变量含义	单位	指标性质
被解释变量	CBI	综合效益评价	防沙治沙工程效益综合值	无量纲	
解释变量	EI	环境资金投入	林业固定投资/GDP	%	正向（+）
	IS	产业结构	第一产业产值/GDP	%	正向（+）
	LI	劳动力投入	林业劳动力人口/总人口数	%	正向（+）

（二）空间计量模型选择

结合前面的空间计量模型和防沙治沙工程综合效益的影响因素分析，构建防沙治沙工程综合效益的空间自相关模型，具体包括空间滞后模型（SLM 模型）、空间误差模型（SEM 模型）以及空间杜宾模型（SDM 模型）。在此，具体构建鄂尔多斯市防沙治沙工程综合效益影响因素的空间模型如下：

空间滞后模型（SLM 模型）：

$$LnCBI_{i,t} = \alpha + \rho \sum_{j=1}^{N} W_{i,j} LnCBI_{j,t} + \beta Ln(EI_{i,t}, IS_{i,t}, LI_{i,t}) + c_i + \mu_t + \varepsilon_{i,t} \quad (7-10)$$

空间误差模型（SEM 模型）：

$$LnCBI_{i,t} = \alpha + \beta Ln(EI_{i,t}, IS_{i,t}, LI_{i,t}) + c_i + \mu_t + Lnv_{i,t} \quad (7-11)$$

其中：

$$Lnv_{i,t} = \lambda \sum_{j=1}^{N} W_{i,j} Lnv_{j,t} + \varepsilon_{i,t} \quad (7-12)$$

空间杜宾模型（SDM 模型）：

$$LnCBI_{i,t} + \alpha + \rho \sum_{j=1}^{N} W_{i,j} LnCBI_{j,t} + \beta Ln(EI_{i,t}, IS_{i,t}, LI_{i,t}) + \theta \sum_{j=1}^{N} W_{i,j} Ln(EI_{i,j,t}, IS_{i,j,t}, LI_{i,j,t}) + c_i + \mu_t + \varepsilon_{i,t} \quad (7-13)$$

在此，进行三种空间计量模型的实证分析。首先，写出防沙治沙工程综合效益影响因素的普通面板回归模型，使用 LM 检验验证 SEM 模型与 SLM 模型的适用性；其次，根据 Wald 检验验证 SDM 模型的适用性，是否可以被简化为 SLM 模型或 SEM 模型，如若均不能，则使用 SDM 模型进行拟合，使用 Hausman

检验来确定模型适用于何种情况，最后，考察各因素的空间影响情况。

1. SEM 模型与 SLM 模型的选择（LM 检验）

在分析中，我们主要使用完善后的面板数据。在模型的选择中，截面数据模型计算主要依赖传统的 LM 检验，通过空间权重矩阵的掺入，拓展到更适用于空间面板数据模型分析的 LM 检验，并在该基础上进行 Robust LM 检验，进而对 SEM 和 SLM 模型进行选择，具体的空间依赖性检验（LM 检验）如表 7.10 所示。

表 7.10　空间依赖性检验（LM 检验）

变量	系数	P 值
LM 检验无空间滞后（LM test no spatial lag）	26.4525	0.000
稳健 LM 检验无空间滞后（robust LM test no spatial lag）	5.6742	0.017
LM 检验无空间误差（LM test no spatial error）	20.9699	0.000
稳健 LM 检验无空间误差（robust LM test no spatial error）	0.1916	0.662

在表 7.10 的检验计算中，LM 检验的原假设为模型残差不存在空间自相关。表 7.10 计算结果表明，LM（lag）和 LM（error）的 P 值在 5% 的水平上均非常显著，说明空间滞后模型与空间误差模型都可以被选择，要做出具体的模型选择，还需要进一步通过 Robust LM 的值来确认。显然，表中 Robust LM（lag）的 p 值 < 0.05，Robust LM（error）的 p 值 > 0.05，即 SLM 模型能够更好地解释问题。因此，我们选择该模型。

2. 空间杜宾模型（SDM）的 Wald 检验与 Huasman 检验

空间杜宾模型（SDM）的 Wald 检验与 Huasman 检验结果如表 7.11 所示。

表 7.11　Wald 检验与 Huasman 检验结果

统计量	系数	P 值
Wald 空间滞后(Wald spatial lag)	17.67543	0.00051
Wald 空间误差(Wald spatial error)	14.53471	0.00226
Hausman 检验统计量(Hausman test - statistic)	13.1517	0.06850

在表 7.11 检验中，Wald 的前提假设是空间杜宾模型能够简化为空间滞后模型，或者是能够被简化为空间误差模型。若 P 值大于 0.05，说明可以被简化为空间滞后模型或空间误差模型；反之则不能。从计算结果可以看出，Wald 空间滞后(Wald spatial lag)与 Wald 空间误差(Wald spatial error)的 P 值都小于 0.05，在 5% 的显著性水平上非常显著。因此，本部分应选择 SDM 模型进行后续所有的计量。表中 Hausman 检验，统计值为 13.1517，P 值为 0.0685 > 0.05，未通过显著性检验，因此拒绝原假设。最终检验结果表明，应选择随机效应的 SDM 模型进行进一步研究。

3. SDM 模型的估计结果

根据最终所选的空间杜宾模型(SDM)，在 1999—2015 年鄂尔多斯市防沙治沙工程综合效益评估数据的基础上，进行 SDM 的回归估计，具体估计结果如表 7.12 所示。

表 7.12　空间杜宾模型估计结果

变量名称	系数	统计量	P 值
logEI	1.533298	5.020647	0.000001
logIS	- 0.501118	- 1.221922	0.101737
logLI	- 0.647881	- 0.381708	0.702678
W * logEI	1.611846	1.612834	0.106780
W * logIS	1.117907	0.770615	0.070935
W * logLI	0.756038	0.149633	0.881054
W * dep. var.	- 0.347984	- 2.359115	0.018319
Teta	0.996894	3.874296	0.000107

由上述计算结果可以看出，空间杜宾模型（SDM）不能够被简化为空间滞后模型（SLM）或者是空间误差模型（SEM）。因此，为了更好地反映鄂尔多斯防沙治沙工程综合效益影响因素的空间效应，本部分研究采用具有因变量与自变量空间权重的随机效应空间杜宾模型进行分析。从表7.12的空间模型估计结果可以看出：

①$W * dep.\ var.$ 通过了1%水平下的显著性检验，说明各旗县防沙治沙工程综合效益之间存在空间上的互相影响。同时有关系数为负数，说明各地区工程效益之间存在负向的影响。造成这一现象的原因一方面是由于一个地区的环境治理与发展需要投入大量的人力物力财力，而整个地区内的总量有限，会影响其他地区的相关投入，从而也影响工程的综合效益。另一方面，由于荒漠化治理会涉及产业的转移，使得高水平的产业被保留而较低水平的产业会转向比较落后地区，加重了当地的生态环境负担。

②$logEI$ 的系数为正数，且通过了1%水平的显著性检验，说明环境投资金额对鄂尔多斯各旗县防沙治沙工程综合效益的水平产生显著的正向促进作用，其系数为1.533298，远大于其他变量系数，占影响的主要地位，对于综合效益水平的贡献最大。

③$logIS$ 通过了10%的显著性检验且系数为负数，表明该因素会抑制鄂尔多斯市各旗县防沙治沙工程综合效益的提升。该因素为产业结构，营造防护林属于第一产业，第一产业的发展将会持续使地区经济处于较低水平。如果相关科技创新不足，资源消耗型的发展不利于生态环境的恢复和防沙治沙工程综合效益的提升。

④$logLI$ 未通过显著性检验，但可以从计算结果中得到一些启示，即劳动力的投入不一定越多越好，过度的人力投入可能造成防沙治沙工程综合效益的提升得到适得其反的结果。

⑤$W * logEI$、$W * logIS$ 通过了10%的显著性水平检验，充分说明了模型因变量的空间滞后项与自变量的空间交互项产生了空间溢出效应，即区域与区域相邻的防沙治沙工程综合效益，有很大程度上产生相互的影响作用，而投资和产业结构的影响均为空间正效应。

因此，根据杜宾模型计算出来的直接效应、间接效应以及总效应如表7.13

所示。

表 7.13 各变量对鄂尔多斯防沙治沙工程综合效益的效应检验

变量名称	直接效应	间接效应	总效应
logEI	1.4697***	0.8868*	2.3566***
	(5.0047)	(1.1613)	(2.7712)
logSI	-0.5847*	1.0169	0.4322
	(-1.5517)	(0.9175)	(0.3353)
logLI	-0.7686	0.7992	0.0306
	(-0.4541)	(0.2034)	(0.0070)
R^2	0.5872		

从表 7.13 的检验结果可以看出：

①环境资金投入在直接、间接、总效应方面都通过了显著性检验，且所有的系数为正。这说明环境资金投入对本区域的防沙治沙工程综合效益的提升表现出正的直接效应，且对于地理位置相邻的地区是存在正向的空间效应溢出影响，相互的正向影响可以使得总效应更高。资金在直接效应上的系数为 1.4697，相较于间接效应的 0.8868 更大，资金投入在本地区的直接作用大于对相邻地区的间接作用。同时，资金在产业结构、人力投入等三个要素中系数最大，说明防沙治沙工程中资金投入的影响是绝对重要的。

②产业结构在本地区的直接效应上表现显著，且影响为负数，但是在间接效应影响上表现为正向空间溢出效应，主要是因为间接的正向效应抵消了负向的直接效应的影响，从而使得整体的总效应为正。这表明相邻旗县的产业结构变化会提高本地区的防沙治沙工程综合效益水平，但彼此间有影响。

③劳动力投入的结果未通过检验，说明该变量未产生明显有效的空间溢出效应。这主要是由于劳动力投入对于防沙治沙工程具有正向的促进作用，但由于人的干扰会对生态造成更进一步的破坏，正负相抵消导致劳动力的投入对于防沙治沙综合效益水平的提升的影响不显著。整个模型检验的拟合优度 R^2 为 0.5872，属于优的水平，说明整个检验结果具有较高的可信度。

第五节　主要结论

本部分从生态效益、经济效益、社会效益三个方面构建了鄂尔多斯市防沙治沙工程综合效益的评价指标体系，测算了 1999—2015 年鄂尔多斯 8 个旗县防沙治沙工程综合效益水平。在此基础上，形成空间面板数据，主要采用杜宾模型和空间自相关的分析方法，分析了鄂尔多斯防沙治沙工程综合效益的空间分布情况。研究分析了鄂尔多斯防沙治沙综合效益是否存在明显的空间相关性。研究也分析了资金投入、产业结构、人力投入等因素对于防沙治沙工程综合效益水平的影响情况，并分析了防沙治沙工程综合效益的空间溢出效应。研究得出的主要结论如下：

①1999—2015 年间，鄂尔多斯市防沙治沙工程综合效益水平有大幅提升，综合效益值由最低的 0.0006 上升到最高的 0.1015，上升幅度达 168%。这说明防沙治沙工程在这一地区获得了较大的成功，该地区的生态环境质量得到较大的改善。

②鄂尔多斯各旗县间存在的差异性较大，不同旗县本身生态条件的差异也造成后期生态发展的不平衡，进而会影响区域整体的协同发展。

③全局莫兰指数的计算结果表明，鄂尔多斯市防沙治沙工程综合效益水平存在较为显著的空间依赖性，区域间存在明显的差异。

④通过局部 Moran's I 和莫兰散点图的分析发现，鄂尔多斯各旗县间的防沙治沙工程综合效益存在明显的溢出效应，也反映出防沙治沙工程效益值具有区域的集聚效应。

⑤防沙治沙工程的综合效益在区域之间存在互相影响作用，并且有些影响为负影响。环境资金的投入对于本地区和临近地区的综合效益水平提升均有正向的显著影响作用，存在显著的空间溢出效应。环境资金投入是影响防沙治沙工作的重要因素。产业结构对于本地区具有负向效应，而对于临近地区的综合效益水平提升有正向的显著影响，存在显著的空间溢出效应。人力投入则没有带来任何明显的影响。因此，本部分提出的政策建议如下：

第一，加强区域协作，促进综合效益的提升。由于区域间存在空间依赖性，防沙治沙工程政策的制定要充分考虑各区域效益实现的路径，发挥各自优势，促进综合效益在地区之间实现最大化，避免出现政策失灵。

第二，实行阶段评估，做好政策跟踪调整。通过不同区域在不同时期的LISA图可以看出，防沙治沙工程综合效益水平在不同时间内会有波动，应该做好政策实施后的及时评价工作，为不同阶段的政策制定和调整提供更加准确的信息。

第三，防沙治沙工程综合效益水平相对较好的地区在资金投入、人力投入、产业结构等方面具有明显的优势。因此，要合理引导区域资金、技术和劳动力的快速发展，并逐步向弱势地区转移和流动，促进区域生态文明建设的全面发展。此外，面对地区的发展，要把人才培训与经验交流作为促进地区发展的另一主要因素，促进地区综合效益的整体提升。

第八章

毛乌素沙地防沙治沙综合效益评估

在对毛乌素沙地盐池县、榆林市、鄂尔多斯市 3 个样点防沙治沙工程综合效益进行评估的基础上，本部分对毛乌素沙地防沙治沙工程综合效益进行评估，以推进荒漠化的有效防治，实现生态环境的可持续发展。我国也是沙化土地分布最广的国家之一，多年来，我国在毛乌素沙地进行了防沙治沙的不懈探索和实践，并取得了明显的成效，有效地推动了我国乃至世界荒漠化防治工作的进程。

第一节　数据来源

本部分的研究数据主要来源于三个方面。①168 篇主要相关研究文献。根据毛乌素沙地荒漠化的生态环境特征和不同土地类型的划分，以及 1990—2019 年对毛乌素沙地荒漠化治理综合效益评估的国内外研究，以"荒漠化""林地""耕地""草地""湿地""土地利用""生态服务价值"等为关键词在中国知网（CNKI）中检索，结合 Meta 分析方法对样本研究文献的要求，通过对 168 篇文献的认真阅读，确定 45 篇为相关研究核心文献，并选取 2356 个数据作为样本研究数据，构建毛乌素沙地防沙治沙工程综合效益评估数据库，进行综合效益评估研究。②一些数据如毛乌素沙地不同地区的经济、人口以及各类土地面积等，主要来源于各地区多年的统计年鉴、《内蒙古经济社会调查年鉴》《中国林业统计年鉴》《中国农村统计年鉴》、各地区国民经济和社会发展公报、中国国土资源数据库以及中国区域经济数据库等。③对于一些自然、气象、水文、生态环境数据，主要来源于中国生态系统研究网络(CERN)，尤其来源于我国盐池县生态监测网站。另外，研究中涉及的其他数据也来源于有关相关研究报告和政府工作报告、公告等。

第二节　评价方法——效益转移方法简介

一、效益转移法的定义与分类

(一)效益转移的定义

受成本因素、地理位置、气候环境等因素的限制，要实地评估每一个地区的资源环境价值或生态服务价值是不现实的。因此，近年来，效益转移法作为一种间接估算资源环境价值的新方法应运而生。对于效益转移的理解，不同的学者有不同的表述。波义耳(Boyle)、伯格斯特龙(Bergstrom)(1992)认为效益转移的内涵包括两个要点：第一，转移的对象为资源的非市场价值；第二，将已有的价值评估结果作为待研究地的价值观测值。之后，理查德(Richard Ready)、斯塔莱(Stale Navrud)(2005)对效益转移中的要素进行了进一步限定，指出价值是指生态环境所提供的产品及服务的价值，进行转移的背景条件是研究地和待研究地所提供的产品或服务具有相似相关性。具体来说，效益转移是这样一个术语："它将一种背景下环境商品和服务产生的价值应用到另一种背景下相似的商品和服务中"。普卢默(Mark L Plummer)(2009)认为效益转移是"把某一地区的资源价值评估结果应用到另一个类似地区"的方法。此后，随着效益转移相关研究的不断深入，对效益转移概念的界定也在不断完善和发展中。通俗地说效益转移法是指利用已有的实证研究结果(实证中涉及的研究区域称为"研究地")，运用统计学和经济计量方法对其进行数据处理得出较为一般性的结论，进而将此结论运用到待研究区域(通常称为"政策地")进行价值评估的过程。需要注意的是，研究地和政策地之间可以进行有效价值转移的前提是，两者在区域环境条件、社会人文特征以及经济发展等方面具有一定的相似性，相似性越高，价值转移结果越可信。

（二）效益转移法的分类

20 世纪 50 年代起，效益转移法就开始被运用于效益评估研究和政策分析中。对于效益转移法的分类，目前认可度较高的分类方式由罗桑伯格（Rosenberger）和卢米斯（Loomis）（2001）提出。他们将效益转移方法细分为四类，其中点对点转移和平均值转移统称为数值转移法；需求函数转移和分析函数即 Meta 分析转移统称为函数转移法。

1. 点对点转移

点对点转移是所有效益转移法中最为简单的一种，具体操作中直接用个别已有实证研究的评估结果衡量政策实施地的自然资源价值。点对点转移法使用的前提条件是研究地和政策实施地在自然资源、生态环境、社会发展等方面都是相同的，并且要求采用相同的评估方法，考虑相同的评估要素。在这样的假设条件下，直接将研究地价值或选取多个研究结果区间中的一个价值作为政策实施地的价值观察值，并将该价值乘以政策地的单位总数量得到政策地的总体价值。这种方法虽然简单，但是难以满足其前提条件，使得在具体应用中基本无法找到用以转移的原始实证研究，无法保证转移的准确性。因此，目前该方法在效益转移中运用较少。

2. 平均值转移

平均值转移法通过统计相关已有文献中评估结果的平均值、中位数或者其他能够表示集中趋势的值来实现研究地与政策实施地之间的价值转移。同为数值转移法，平均值转移的具体实施过程与点对点转移基本相同，二者的差异主要体现在：首先，平均值转移法要求用以效益转移的原始研究数量不小于 1；其次，平均值转移法需要对已有实证研究结论进行简单统计，将统计的结果作为政策实施地价值评估的依据。相比之下，点对点转移法假设更严格些，而平均值转移要更加直接，假设也更粗略一些。

3. 需求函数转移

需求函数转移是指在保证与政策实施地的自然资源、生态环境、社会发展等方面均存在较高相似度的条件下，考虑一个或多个研究地数据的相关性和适用性，对其需求函数进行适当调整，作为估算政策地资源价值的效益转移函数。相比较数值转移法，该方法的主要优点是综合考虑了研究地和政策实施地在生态、经济、社会等方面的区别，一定程度上保证了价值转移结果的可靠性。需求函数转移在运用过程中存在以下两个难点：一是想要找到与政策实施地在各方面相似度均较高的实证研究难度较大，这使得转移数据库的构建较难实现。二是需求函数作为经济模型，需要满足一定的规范性，而需求函数中的因变量一定程度上取决于研究地的情况，但这些影响因素却不一定与政策实施地相关，即使存在相同的影响因素，因变量受影响的方向及大小也不尽相同。由此可见，需求函数转移仍然不是最理想的价值转移方法。

4. Meta 分析函数转移

Meta 分析被公认为目前效益转移中最精确、可行性最强的方法。该方法通过对已有的研究数据进行汇总和分析，系统确定影响价值评估结果的解释变量，利用汇总数据找出不同研究结果与解释变量之间的统计关系，并将这一统计关系应用于政策实施地，实现跨越时间和空间的价值转移。本研究主要采用 Meta 分析函数转移法评估毛乌素沙地荒漠化防治工程的综合效益大小。

二、Meta 分析函数转移法

目前，Meta 分析函数转移法受到研究者的广泛认可。该方法的优势主要体现在以下几个方面。首先，利用该方法对政策实施地进行转移价值评估的准确性和适用性相比较于其他三种方法更高。其次，充分考虑研究地和政策实施地在自然资源、生态环境以及社会发展等方面可能存在的差异性，将导致差异性的因素作为影响价值评估的自变量纳入模型中，从而一定程度上扩大了原始实证研究的选择范围，提升了价值转移过程的灵活性。最后，相似性要求的假设条件的放宽，可供选择的样本研究文献数量的增加，使得用于构建价值转移模型的数据库更加丰富，效益转移的过程和结果更加准确、可靠。

本研究采用 Meta 分析函数转移法对毛乌素沙地防沙治沙工程综合效益进行评估，通过收集已有研究的相关数据，构建价值转移模型，从而对政策实施地相关工程的资源环境的效益进行评估。运用 Meta 分析函数转移法实现价值转移过程中最为关键的一步就是价值转移模型的构建，其一般形式如下：

$$V_i = \alpha + b_m X_m + b_n X_n + b_s X_s + \varepsilon \qquad (8-1)$$

式中，V_i 表示第 i 个地区的自然资源单位价值，α 表示常数项，ε 表示残差项，b_m、b_n、b_s 表示自变量的回归系数矩阵，X_m、X_n、X_s 分别表示自然资源价值评估方法变量、社会经济变量、地理环境特征等变量。

第三节　毛乌素沙地价值转移模型构建

一、模型数据处理

毛乌素沙漠是我国四大沙地之一，包括内蒙古自治区的鄂尔多斯南部、陕西省榆林市的北部风沙区和宁夏回族自治区盐池县东北部。根据土地监测部门对国内沙化土地的最新监测结果，目前，全国荒漠化土地总面积为 261.16 万 km^2，约占国土面积的 27.2%。此次监测结果相比较于前一次，荒漠化土地面积减少 12120 km^2，其中内蒙古荒漠化面积减少最为明显，近五年来减少约 4169 km^2（中国环境科学，2016）。根据有关统计，我国荒漠化土地主要分布在新疆、内蒙古、西藏、甘肃、青海、陕西、宁夏 7 个省（区），其中荒漠化分布最广的是新疆维吾尔自治区，其次是内蒙古，7 个省（区）荒漠化土地面积占全国荒漠化土地总积的 95% 以上。此外，新疆、内蒙古、西藏、甘肃、青海 5 个省（区）的沙化土地总面积在全国沙化土地面积中所占比例为 93.95%。因此，考虑到研究地与政策实施地之间的相似相关性要求，本研究主要以上述 7 省（区）相关地区为研究地进行 Meta 分析，尤其在确定毛乌素沙地的资源价值转移时，考虑到西藏与毛乌素沙地的自然条件、社会经济发展、地理环境等差别较大，研究主要以新疆、内蒙古、甘肃、青海、陕西、宁夏 6 个省（区）为研究地，以毛乌素沙地（防沙治沙工程实施地）为政策实施地进行相关效益评估研究。

根据有关统计，毛乌素沙地土地利用结构主要包括草地、林地、耕地、水域面积，四种土地利用面积之和占各地区总面积的 86.07% 以上（赵敏敏等，2016）。同时，根据已有研究发现，这四种土地利用类型的资源环境价值总和在研究区域资源环境总价值中所占比例超过 92%（赵苗苗等，2017）。因此，本研究主要针对林地、草地、耕地、水域分别构建资源环境价值转移模型，并将四种土地利用类型的资源环境转移价值总和作为区域资源环境评估的总价值进行度量，并进行相关研究。

根据新疆、内蒙古、甘肃、青海、陕西、宁夏6个省（区）研究地的相关研究，在保证所选研究地的相关研究与毛乌素沙地在资源环境现状、社会发展进程等方面的相似程度的情况下，以"草地""林地""耕地""水域""土地利用""资源环境价值"等为关键搜索词，在国内主要的电子文献数据库中国知网（CNKI）进行多次检索，初步筛选出168篇文献资料进一步进行研究。

在对初步筛选的文献资料进一步研究过程中，本研究确定了下列选择标准。第一，所选文献的研究地必须是与毛乌素沙地比较相似的6省（区）荒漠化土地的相关地区。第二，所选的研究文献中必须包含本研究中拟测算的四种土地类型单位面积资源环境的价值或效益，若不是可以直接提取的数据，则必须是可以通过简单且直接的计算获取单位面积资源环境的价值或效益。第三，所选样本研究文献必须有明确的资源环境价值或效益核算的具体时间点以及所使用的评估方法。第四，所选文献研究地的相关人口、经济等反映社会发展情况的指标可以直接从文献中获取，或者可以通过查找研究地的统计年鉴等统计资料获取。第五，若不同文献研究的是同一地区的资源环境的价值或效益，则选取最近年份的研究数据资料。

根据以上筛选原则最终选定45篇实证研究文献（文献均收录在参考文献里），其中用于构建价值转移模型数据库的样本研究文献为40篇，涉及我国西北部的内蒙古、甘肃、青海、新疆、陕西、宁夏6省（区）的31个地区，其中省（区）6个，地市级地区17个，县级地区14个。另外5篇为样本外文献，主要用于转移模型有效性的验证。从40篇样本研究文献中获取用于构建转移模型数据库的数据资料2356个，主要数据涉及草地、林地、耕地和水域四种类型资源环境价值评估。另外，由于城市建设用地及其他未利用土地资源环境价值相对其他土地利用类型所占比例较小，且可供选取的实证研究较少，因此，本研究暂不考虑其他类土地的资源环境价值转移。本研究所涉及的40个地区样本点的基本情况汇总如表8.1所示。

通过对样本点的数据的整理发现，耕地、林地、草地以及水域单位面积资源环境价值存在一定的差异性。通过计算不同类型土地单位面积资源环境的价值平均数可以看出，单位面积资源环境价值最高的是水域，其次是林地，耕地和草地在单位面积价值上差异较小。在所选取的实证研究中，就某一地类价值来看，其单位面积价值也存在较大的差异。其中，草地单位面积价值在每公顷每年614.89元至26949.46元间波动，绝大多数地区单位面积价值在每公顷每年6000元至9000元间波动，其平均值为每公顷每年7592.62元；林地单位面积价值在每公顷每年1932.91元至49248.42元间波动，其平均值为每公顷每年15592.87元；耕地单位面积价值在每公顷每年640.17元至17367.66元间波动，其平均值为每公顷每年6658.21元；水域单位面积价值多数在每公顷每年40000元至70000元间波动，其平均值为每公顷每年53957.77元，远高于其他三类土地单位面积价值。造成土地单位面积价值差异较大的原因主要有：一是研究者在对不同地区土地价值进行评估的过程中所涉及的评估时间以及选用的评估方法不同；二是由于不同研究地所处区域环境、社会发展过程以及政策实施情况等不同，市场环境等差异较大。这也说明单位面积土地价值的变化会受到多种因素的影响，在研究中一定要认真考虑。

表8.1　实证研究地区基本情况

序号	省份	研究地区名称
1	内蒙古自治区	鄂托克前旗
		呼伦贝尔市
		克什克腾旗
		鄂尔多斯市
		和林格尔县
		翁牛特旗
		武川县
		阿拉善盟
		赤峰市
		伊金霍洛旗

序号	省份	研究地区名称
2	甘肃省	张掖市
		武威市
		民勤县
		金昌市
		嘉峪关市
		酒泉市
3	青海省	海北藏族自治州
		祁连县
		西宁市
4	新疆维吾尔自治区	克拉玛依市
		和田地区和田市
		阿克苏地区沙雅县
		喀什地区
5	陕西省	西安市蓝田县
		铜川市
		宝鸡市
		安塞县
6	宁夏回族自治区	固原市彭阳县
		吴忠市盐池县
		银川市西夏区
		隆德县

二、模型变量选取

通过对所选文献资料的认真阅读发现，通常情况下，Meta 分析会选取区域变量、研究方法变量、评估时间变量、区域经济变量、人口变量以及区域面积变量作为资源环境价值评估的影响因素。在本研究中，由于将荒漠化防治工程的综合效益作为研究对象，为了进一步提升实证研究地与政策实施地之间的相似度，保证价值转移的可靠性，在筛选样本研究文献资料时已经对实证研究地的区域位置做出明确要求，因此，本研究剔除区域变量，选取人口变量、区域经济变量、时间变量、土地面积变量、研究方法变量、土地类型变量作为自变量，单位面积资源环境价值作为因变量，进行价值转移研究。下面就所确定的模型自变量进行说明。

一是人口变量，需求与供给的大小与人口息息相关，人口数量的多少决定需求大小，从而影响资源环境的供给情况。因此，本研究对研究地人口状况的统计数据统一提取年末人口总量，主要数据来源于当地的统计年鉴、国民经济及社会发展统计公报及 EPS 数据平台。

二是区域经济变量，通常情况下，区域经济的发展一定程度上取决于从资源环境中获取的产品与服务的多少，反过来又影响资源环境的产出，降低资源环境提供产品与服务的水平。因此，本研究把区域经济作为主要变量进行考虑，并用实证研究地区的地区生产总值反映，充分考虑社会经济发展因素对价值转移模型的影响。主要数据来源于统计年鉴、当地国民经济和社会发展统计公报以及 EPS 数据平台等。

三是时间变量，不同研究者进行资源环境价值评估的实证研究时间不同，不同的时间也反映了不同时间点的经济、人口、环境状况，从而影响价值评估的结果，造成评估结果的不同。因此，需要将时间变量作为自变量纳入价值转移模型。

四是研究区域面积，资源环境的供给一定程度上依赖于不同类型土地面积的大小，本研究收集了样本研究文献中 40 个研究地不同类型土地的面积数据，以反映不同类型资源环境的面积大小对价值评估的影响，数据直接来源于样本研究的文献。

五是研究方法变量，评估方法的不同是影响资源环境价值评估结果的一个重要因素。其中，常使用的方法主要有市场价值法、替代成本法等直接评估法，也包括物质转换法和能值转换法等间接评估方法。本研究主要参考张雅昕等人（2016）基于 Meta 分析回归模型的土地利用类型生态系统服务价值核算与转移的相关研究（张雅昕等，2016），对于资源环境价值核算方法的分类，将研究方法分为：Costanza 系数法，是指在资源环境价值的评估过程中，主要引用 Costanza 相关研究的估算值和相关参数；运用谢高地的估算值和相关参数归纳为谢高地系数法；利用当地粮食价格和谢高地土地当量因子计算当地资源环境价值量的方法称为公式法；采用市场价值法、机会成本法、影子工程法、替代花费法等方法的研究归为一类，称为其他方法。另外，在 Meta 分析过程中，许多文献资料是对不同类型土地的生态系统服务的价值评估研究，生态系统服务只是资源环境提供的一种类型的服务，资源环境是其实物载体，从环境经济学理论和方法来看，相关评估方法与资源环境价值评估方法并无本质区别（张庆等，2007）。因此，在研究方法的归纳中，有关生态系统服务价值评估的研究也纳入了样本研究的文献资料之中。

六是资源环境服务类型变量，不同资源环境提供的服务功能有所差异，对不同种类资源环境服务类型进行评价也会直接影响价值评估结果。因此，本研究归纳已有实证研究中所涉及的资源环境服务类型，并主要参考生态系统服务类型的划分，结合卢琦等人在荒漠化生态系统服务评估研究中对服务类型的细分（卢琦等，2003），将资源环境服务类型变量引入价值转移模型当中，并将该变量拆分为 11 个细分变量，分别是有机物生产、防风固沙、土壤保育、水源涵养、固碳释氧、调节气候、净化大气、维持生物多样性、营养物质循环、废弃物降解、文化娱乐。

三、单位面积资源环境价值转移模型

（一）模型变量的具体赋值

在上述确定的模型变量中，包含数值型变量和分类型变量，现对各变量赋值编码如下：用 X_{METHOD} 表示研究方法变量，该变量为分类型变量，其中包含四个细分变量，分别以 1 和 0 进行赋值；用 X_{TIME} 表示评估时间变量，该变量为数值型变量，根据实证研究中的评估时间，以 2000 年为起点 1，依次类推；用 X_{PEO} 表示人口变量，该变量为数值型变量，按照样本研究文献或研究地统计年鉴及相关网站提供的实际数值进行拟合并纳入模型分析；用 X_{ECO} 表示经济变量，该变量为数值型变量，按照统计年鉴及相关网站提供的实际数值拟合纳入模型进行分析；用 X_{AREA} 表示各地类的面积变量，该变量为数值型变量，同样，按照不同研究地实际数值进行拟合并纳入模型分析；用 X_{TYP} 表示研究中所涉及的资

源环境服务类型变量，具体包括 11 种服务类型，该变量为分类型变量，分别用 0 和 1 对其进行赋值。具体赋值情况参见表 8.2。

表 8.2 价值转移模型的具体赋值

变量名称	变量描述	赋值	赋值描述
因变量：Y	单位面积资源环境价值	/	数值型变量，元/（$hm^2 \cdot a$）
自变量：			
1. 人口变量			
X_1	区域年末总人口	/	数值型变量，人
2. 面积变量			
X_2	土地面积	/	数值型变量，万 hm^2
3. 经济变量			
X_3	地区生产总值	/	数值型变量，人民币，亿元
4. 时间变量			
X_4	评估时间	/	数值型变量，将 2000 年记为 1，2002 年记为 2，依次类推
5. 方法变量			
X_5	Costanza 系数法	0/1	虚拟变量，如果使用 Costanza 系数法，赋值为 1，否则为 0
X_6	谢高地系数法	0/1	虚拟变量，如果使用谢高地系数法，赋值为 1，否则为 0
X_7	公式法	0/1	虚拟变量，如果使用公式法，赋值为 1，否则为 0
X_8	其他方法	0/1	虚拟变量，如果使用其他方法法，赋值为 1，否则为 0

变量名称	变量描述	赋值	赋值描述
6. 资源环境 服务类型变量			
X_9	有机物生产	0/1	虚拟变量，如果有此项资源环境服务，取值为1，否则为0
X_{10}	防风固沙	0/1	虚拟变量，如果有此项资源环境服务，取值为1，否则为0
X_{11}	保育土壤	0/1	虚拟变量，如果有此项资源环境服务，取值为1，否则为0
X_{12}	涵养水源	0/1	虚拟变量，如果有此项资源环境服务，取值为1，否则为0
X_{13}	固碳释氧	0/1	虚拟变量，如果有此项资源环境服务，取值为1，否则为0
X_{14}	调节气候	0/1	虚拟变量，如果有此项资源环境服务，取值为1，否则为0
X_{15}	净化大气	0/1	虚拟变量，如果有此项资源环境服务，取值为1，否则为0
X_{16}	维持生物多样性	0/1	虚拟变量，如果有此项资源环境服务，取值为1，否则为0
X_{17}	营养物质循环	0/1	虚拟变量，如果有此项资源环境服务，取值为1，否则为0
X_{18}	废弃物降解	0/1	虚拟变量，如果有此项资源环境服务，取值为1，否则为0

变量名称	变量描述	赋值	赋值描述
X_{19}	文化娱乐	0/1	虚拟变量，如果有此项资源环境服务，取值为1，否则为0

（二）模型变量回归

根据国内外的有关研究经验，使用 Meta 分析时通常构建的是面板模型，该模型用以解释面板数据。所谓面板数据是指在一个实证研究中不止得出一个研究结果，即对同一研究对象会给出不同的价值评估结果。在这种情况下，传统的最小二乘法的独立性和误差同方差分布的假设往往无法满足，因而选取面板模型会比较好。因此，本研究中根据上述的变量设置，建立 Meta 回归模型，模型具体形式表示如下：

$$Y = b_1 X_{PEO} + b_2 X_{AREA} + b_3 X_{ECO} + b_4 X_{TIME} + b_5 X_{METHOD} + b_6 X_{TYP} \qquad (8-2)$$

式（8-2）中，Y 表示各土地类型单位面积资源环境价值，b_1、b_2、b_3、b_4、b_5、b_6 为各解释变量的系数矩阵，X_{PEO} 为年末人口总量，X_{TIME} 为实证研究时间，取值为 1~15，X_{ECO} 为区域生产总值，X_{AREA} 为研究区域相应地类资源环境的面积，X_{METHOD} 为实证研究中所使用的方法，X_{TYP} 为研究中所涉及的资源环境服务类型。需要说明的是这里将方法变量的 4 种类型及资源环境服务的 11 类型均引入回归模型中，为了避免回归过程中落入虚拟变量陷阱，本研究在回归模型中不考虑截距项。

研究使用 SPSS 20.0 对所构建的样本数据进行多元线性回归拟合，其中草地的价值转移模型拟合中包含 36 个样本点，林地价值转移模型拟合中包含 31 个样本点，耕地价值转移模型拟合中包含 31 个样本点，水域价值转移模型拟合中包含 26 个样本点。拟合结果如表 8.3 所示，经检验自变量间不存在多重共线性，且 DW 值通过检验。由回归结果可以看出，并非上述所有确定的自变量都进入了模型，对于未被纳入模型的变量本研究暂不做分析。

表8.3　价值转移模型回归结果

土地类型 变量	草地			林地			耕地			水域		
	系数	t值	Sig	系数	t值	Sig	系数	t值	Sig	系数	t值	Sig
人口 (X₁/人)	-0.002	-5.66	0.000	-0.001	-5.21	0.000	-0.001	-3.24	0.006	0.001	-6.08	0.000
面积 (X₂/万 hm²)	2.03	6.66	0.000	5.579	16.05	0.000	7.93	2.35	0.019	40.58	7.56	0.000
地区生产总值 (X₃/亿元)	1.76	-5.42	0.000	2.97	20.54	0.000	1.38	2.304	0.013	-5.81	9.02	0.000
研究时间 (X₄/2000＝1)	-37.337	-8.37	0.000	-90.651	21.98	0.000	43.46	-4.60	0.000	689.13	5.93	0.002
Costanza 系数法 (X₅)	-2480.30	2.48	0.01	—	3.50	0.008	10716.10	6.521	0.000	-203917.88	-3.74	0.000
谢高地系数法 (X₆)	-4185.88	6.28	0.000	9572.39	6.515	0.000	9977.23	8.32	0.000	-186565.62	9.72	0.000
公式法 (X₇)	-3712.13	-5.327	0.000	-188.82	2.61	0.01	8818.46	—	—	-184410.75	11.35	0.000
其他方法 (X₈)	814.820	9.42	0.000	431.3	-5.623	0.001	9851.07	9.61	0.000	-30869	-3.78	0.002
有机物生产 (X₉)	—	—	—	-2730.1	2.036	0.045	—	—	—	—	—	—
防风固沙 (X₁₀)	-31462.9	-6.148	0.000	—	—	—	—	—	—	—	—	—
保育土壤 (X₁₁)	—	—	—	—	—	—	-10870.69	16.38	0.000	3516.86	3.76	0.002
涵养水源 (X₁₂)	—	—	—	—	—	—	—	—	—	—	—	—

续表

土地类型	草地			林地			耕地			水域		
固碳潴养 (X₁₃)	36863.11	3.256	0.015	—	—	—	—	—	—	—	—	—
调节气候 (X₁₄)	-18859.8	2.65	0.01	10668.3	9.05	0.000	8566.86	8.623	0.000	20081.79	-14.5	0.000
净化大气 (X₁₅)	-4157.78	-5.478	0.000	—	—	—	—	—	—	1615.83	2.51	0.01
维持生物多样性 (X₁₆)	3012.35	2.44	0.012	72.63	2.57	0.012	1386.21	5.69	0.00	-34942.673	-6.39	0.002
营养物质循环 (X₁₇)	-77.57	2.39	0.036	-10294	14.38	0.000	-40.20	-2.31	0.0136	7423.05	14.39	0.000
废弃物降解 (X₁₈)	-4615.66	4.695	0.000	—	—	—	-4416.91	18.32	0.000	—	—	—
文化娱乐 (X₁₉)	46046.08	-6.305	0.000	12990.1	6.59	0.00	1243.72	12.34	0.000	237269.09	23.79	0.000
调整 R²	0.972			0.872			0.87			0.916		
R²	0.928			0.791			0.64			0.813		

165

（三）价值转移模型有效性检验

基于有限的检索结果，能够用以误差检验的样本外的实证研究较少，无法支持配对 t 检验和相关系数检验对样本量的要求。因此，本研究采用较为常用的平均误差法对价值转移模型的有效性进行检验。对于误差检验，普遍接受的转移误差范围是 20% ~ 40%（Bergstrom et al，1999）。本研究选取样本研究文献外的 5 个不同地区的实证研究（古丽波斯坦·巴图等，2018；黄青等，2007；王晓峰，2004；贾静，2012；黄羽等，2013）进行检验，检验公式如下：

$$D_1 = \frac{1}{n} \sum_{m=1}^{n} |\ \frac{Y_0 - Y_m}{Y_m} \cdot 100\% \ | \tag{8-3}$$

$$D_2 = \frac{1}{p} \sum_{q=1}^{p} |\ \frac{Y_l - Y_q}{Y_q} \cdot 100\% \ | \tag{8-4}$$

式中，D_1、D_2 代表价值转移平均误差。在公式（8-3）中，n 代表样本内研究地数量，Y_0 代表数据库中样本转移价值，Y_m 代表数据库中样本实际值；在公式（8-4）中，p 代表样本外研究地数量，Y_l 代表样本外总价值转移结果，Y_q 代表样本外总价值实际值。经验证，样本内价值转移误差及样本外总价值转移误差均在要求的合理范围内。因此，本研究构建模型可以用于毛乌素沙地资源环境价值的转移研究。转移误差计算结果具体见表 8.4。

由表 8.4 可以看出，对于样本研究文献，耕地、林地、草地、水域四大资源环境的平均转移价值的误差分别为 10.39%、8.83%、3.97% 和 2.02%。相比较之下，样本外研究区域资源环境总价值的平均转移误差略高，为 20.21%，但也在误差检验所允许的误差范围内，说明价值转移模型通过有效性检验，可以用于政策地的价值评估。

表8.4　平均转移误差计算结果

检验目标	草地	林地	耕地	水域	样本外总价值
平均转移误差（%）	3.97	8.83	10.39	2.02	20.21

（四）价值转移模型构建

综合上述分析，基于 Mate 分析构建的各土地利用类型的资源环境价值转移模型，具有一定的有效性和可行性。因此，根据回归分析结果，针对不同资源环境构建的价值转移估算模型归纳如下：

（1）草地

$$Y_1 = -0.002X_1 + 2.029X_2 + 1.756X_3 - 37.369X_4 - 2480.3X_5 - 4185.88X_6 -$$
$$3712.128X_7 + 814.820X_8 - 31462.9X_{10} + 38863.11X_{13} - 18859.802X_{14} -$$
$$4157.784X_{15} + 312.346X_{16} - 77.572X_{17} - 49615.663X_{18} + 46046.081X_{19} \qquad (8-5)$$

（2）林地

$$Y_2 = -0.001X_1 + 5.578X_2 + 2.965X_3 - 90.651X_4 + 9572.386X_6 - 188.818X_7 +$$
$$431.302X_8 - 2730.143X_{10} + 10668.3012X_{14} + 72.627X_{16} - 10293.832X_{17} +$$
$$12990.1X_{19} \qquad (8-6)$$

（3）耕地

$$Y_3 = -0.001X_1 + 7.930X_2 + 1.381X_3 + 43.462X_4 + 10716.102X_5 + 9977.225X_6$$
$$+ 8818.460X_7 + 9851.066X_8 - 10870.687X_{11} + 8566.864X_{14} + 1386.214X_{16} -$$
$$40.203X_{17} - 4416.905X_{18} + 1243.723X_{19} \qquad (8-7)$$

（4）水域

$$Y_4 = 0.001X_1 + 40.58X_2 - 5.81X_3 + 689.13X_4 - 203917.88X_5 - 186565.62X_6 -$$
$$184410.75X_7 - 30869X_8 + 3515.86X_{11} + 20081.79X_{14} + 1615.83X_{15} - 34942.67X_{16} +$$
$$7423.05X_{17} + 237269.09X_{19} \qquad (8-8)$$

上述模型中，Y_1、Y_2、Y_3、Y_4 分别表示草地、林地、耕地、水域资源环境单位面积价值（元/hm²），X_1 表示区域人口总数（人）；X_2 表示相应资源环境的土地面积（万 hm²）；X_3 表示地区生产总值（亿元）；X_4 表示研究进行的时间，将2000 年记为 1，2001 年记为 2，依次类推；X_5 表示研究中采用 Costanza 系数法进行的价值评估；X_6 表示研究中采用谢高地法进行的价值核算；X_7 表示研究中采用当地粮食价格及谢高地法进行的价值估算；X_8 表示采用以上三种方法之外的其他方法，包括市场价值法、机会成本法、影子工程法等；X_{10} 表示防风固沙服务，X_{11} 表示保育土壤服务，X_{13} 表示固碳释氧服务，X_{14} 表示调节气候服务，X_{15} 表示净化大气服务，X_{16} 表示维持生物多样性服务，X_{17} 表示营养物质循环服务，X_{18} 表示废弃物降解服务，X_{19} 表示文化娱乐服务。

由各地类资源环境的价值转移模型可以看出，影响资源环境价值估算结果的因素有多个，不同因素对资源环境价值作用的方向不同，且不同种资源环境受相同因素的影响大小也不同，具体来说：

对于草地、林地及耕地，人口变量与单位面积资源环境价值均呈现负的相关关系，即随着人口的不断增加，单位面积资源环境价值呈现下降的趋势。主要是因为随着人口的增加，为了满足不断增加的人口需求，所进行的不合理的经济开发活动会不断加大，因此，给资源环境带来压力和破坏会有可能超过其承受能力，从而导致资源环境的受损。不同的是，对于水域资源来说，人口变量与单位面积价值呈一定的相关关系，且相关系数为 0.001，虽然很小但却为正向相关关系，也说明毛乌素沙地中许多水域面积是由人工形成的。

资源环境作为一个整体，其生态服务功能的发挥一定程度上依赖于地域空间面积的大小。因此，地类面积是影响各种资源环境单位面积价值的一个重要因素，且对其表现为正向的影响作用。相比之下，地类面积对耕地和水域的影响更为明显一些。

另外，参考基于 Meta 分析的资源环境价值估算的相关文献发现，往往对于资源型研究地，地区生产总值对资源环境价值表现出一定的负面影响，但是在干旱半干旱的荒漠化地带，地区生产总值对资源环境价值表现为正向的影响。这也在一定程度上反映了土地的合理规划利用对社会经济、生态环境保护的积极促进作用。

草地和林地的价值随着时间的变化而保持同向变动，且时间变量对这两种资源环境的价值的影响程度较为接近。相反，时间对耕地、林地价值的影响呈负向相关关系，也反映出资源环境资本的时间价值。

因此，采用 Meta 分析方法构建的毛乌素沙地不同类型的资源环境估算的价值转移模型是有效的，它能够为毛乌素沙地荒漠化防治的资源环境价值评估提供依据。

第四节 毛乌素沙地资源环境效益评估

一、模型自变量取值确定

对于荒漠化较为严重的县（旗）市地区，防沙治沙工程的实施对资源环境产生的影响往往不同于其他地区的影响。因此，在进行荒漠化防治工程的综合效益评估时，要综合考虑当地社会、经济、环境等诸多因素，才能够科学构建适用于当地的资源环境价值转移模型，从而保证评估结果的科学性。同时，由于荒漠化防治工程是一个涉及范围较广、耗时较长的治理过程，对资源环境的影响需要一定的时间才能显现出来，因此，为了反映防沙治沙工程的实施效果，本研究以5年为一个周期选取研究的时间节点。另外，在实际研究中还需要考虑数据获取的难易程度。参考 Meta 分析法的相关研究，根据价值转移回归模型，现对毛乌素沙地草地、耕地、林地及水域回归模型的相关变量取值情况确定如下：

（一）时间变量

为了直观反映毛乌素沙地资源环境效益的动态变化，考虑经济变量的时间价值和毛乌素沙地防沙治沙工程综合效益的变化，本研究选取的研究时间节点为1990年、1995年、2000年、2005年、2010年和2015年。同时，1999年，我国四川、陕西、甘肃3省率先开展了退耕还林工程试点，揭开了我国退耕还林的序幕。而退耕还林工程对我国沙漠化防治的影响较大（赵鸿雁等，2018），2002年，我国全面启动了退耕还林工程。因此，研究确定1999年为荒漠化防治的重大时间节点，取时间变量为0，2000年为荒漠化防治的重大时间起始点，将其对应的时间取值为1，依次类推。因此，各研究时间节点所对应的时间变量取值分别为 −9、−4、1、6、11、16。

（二）人口变量

通过查阅毛乌素沙地辖内的鄂托克旗、乌审旗、盐池县以及榆林市等地的统计年鉴和国民经济和社会发展统计公报，获得鄂托克旗、乌审旗、盐池县以及榆林市等地 1990 年、1995 年、2000 年、2005 年、2010 年、2015 年的人口统计数据，并将汇总数据作为毛乌素沙地的人口数，分别为 4297933 人、4528541 人、4694353 人、4883539 人、5328932 人、5602822 人。可以看出，毛乌素沙地的人口从 1990 年至 2015 年是增加的。

（三）经济变量

通过查阅鄂托克旗、乌审旗、盐池县以及榆林市等地的统计年鉴和国民经济和社会发展统计公报，获得鄂托克旗、乌审旗、盐池县以及榆林市等地 1990 年、1995 年、2000 年、2005 年、2010 年、2015 年的地区生产总值，并将地区生产总值的汇总值作为毛乌素沙地荒漠化防治工程的生产总值，并进行资源环境效益估算的研究。

（四）面积变量

通过 EPS（Easy Professional Superior）数据平台、《内蒙古经济社会调查年鉴》《中国林业统计年鉴》《中国农村统计年鉴》等进行检索，获得鄂托克旗、乌审旗、盐池县以及榆林等地在 6 个研究时间节点上草地、林地、耕地、水域的土地面积，并将不同类型土地面积的合计值作为毛乌素沙地不同类型的土地面积（表 8.5），开展价值转移模型的研究。

表 8.5　不同类型的土地面积统计

年份	草地（万 hm²）	林地（万 hm²）	耕地（万 hm²）	水域（万 hm²）
1990	487.415	205.8739	200.8721	11.4636
1995	494.5118	202.7878	194.7208	12.7097
2000	511.1667	210.2094	142.2278	13.1278
2005	509.7504	250.3981	139.5801	10.4913
2010	570.3985	278.5033	127.9024	12.4638
2015	581.0863	304.3597	119.4651	11.4166

（五）方法变量

在资源环境效益评估过程中，评估方法的不同会对评估结果产生影响。由于不同的方法都可以用于毛乌素沙地资源环境效益的评估，且不同的研究资料所选的评估方法不同。因此，为了反映不同方法的选取对资源环境效益估算结果大小的影响，本研究在对价值转移模型的研究过程中，参考前人的经验做法，将四种方法的平均值作为方法变量确定的评估值，以减少由于方法的不同造成的评估误差。

（六）服务类型变量

资源环境服务类型的不同会影响其效益评估的大小，鉴于不同资源环境服务类型的不同，研究中选取了11种服务类型，为了尽可能系统地反映毛乌素沙地资源环境的效益，研究在对价值转移模型研究的过程中，将11种资源环境服务类型评估的平均值作为11种变量的效益评估值。

二、单位面积资源环境效益估算

将上述数据代入毛乌素沙地资源环境价值转移模型中，分别得到毛乌素沙地草地、林地、耕地、水域在不同时间节点的单位面积资源环境效益，具体转移价值计算结果如表8.6所示。

表8.6　毛乌素沙地单位面积转移价值

土地类型	转移价值（元/hm². a）					
	1990 年	1995 年	2000 年	2005 年	2010 年	2015 年
草地	7339.302	6803.906	6466.025	6950.857	11213.99	13453.78
林地	20235.13	19698.3	19368	20735.87	28803.23	33209.99
耕地	3053.191	3067.916	2817.639	3652.779	7432.408	9630.433
水域	50706.85	54110.34	57256.75	57298.68	44007.47	37910.97
合计	81334.47	83680.47	85908.42	88638.19	91457.09	94205.17

由表8.6中可以看出，在毛乌素沙地四种土地利用类型中，单位面积资源环境效益大小表现为水域＞林地＞草地＞耕地。在1990年至2015年中，单位面积水域效益均超过35000元/hm². a，其均值为50215.18元/hm². a；其次是林地，其单位面积效益最小值出现在2000年，为19368元/hm². a，最大值为

33209.99 元/hm². a，均值为 23675.09 元/hm². a；单位面积草地效益在 6400
至 14000 元/hm². a 之间波动，其均值为 8704.644 元/hm². a；单位面积效益最
小的是耕地，其值均小于 10000 元/hm². a，均值为 4942.394 元/hm². a，该均
值小于样本点单位面积耕地资源环境效益的均值。

三、资源环境转移效益动态分析

（一）毛乌素沙地荒漠化防治进程

从水草丰美、景色迷人的宜居之地到"尘雾蔽空，不见天日"的险恶之境，
毛乌素沙地生态环境也经历了几个阶段的变化。从防沙治沙工程的实施情况来
看，毛乌素沙地荒漠化防治以 2000 年为转折点分为两个阶段。

第一阶段是 2000 年之前，虽然已经开始了荒漠化防治，但效果不明显。具
体为 1949—1978 年，全地区以改善生态环境、发展经济为目标，积极采取各项
有效措施，但是在片面理解"大办农业""以粮为纲"的时代背景下，开荒种地情
况屡见不鲜，过度开垦依然是当地发展经济的手段之一。再加上受人力不足、
物资短缺、科技水平落后等方面的限制，防沙治沙成效甚微，造林进程缓慢，
截至 1980 年年底，全地区森林覆盖率仅为 1.9%，历时 30 年的造林目标，离预
期成果相差甚远。20 世纪 80 年代以后，为加快荒漠化防治进程，增加森林和草
地的覆盖率，毛乌素沙地各区开始尝试飞机播种的造林方式，以此加快造林速
度，提高造林种草效率，但该计划最终也因资金限制无疾而终。据统计，在
1980 年至 1999 年间，相关地区虽一直在推进林业建设和荒漠化防治，但森林覆
盖率也仅提高到 3.84%，全区沙化程度依旧呈现加剧的趋势。

2000 年是毛乌素沙地荒漠化防治的历史转折点。进入 21 世纪以来，该区在
防沙治沙上紧跟国家步伐，积极响应国家号召，以"生态治理"为发展战略，及
时抓住西部大开发的历史机遇，先后争取并实施了包括天然林保护工程、退耕
还林工程及"三北"防护林建设在内的四期国家林业重点工程，在全区掀起了造
林种树的热潮。

2000 年，毛乌素在全区范围内实施天然林保护工程，为保证该工程的有效
实施，相关部门采取严禁天然林商业性采伐、全面落实森林管护、加强公益林

建设和培育后备资源等有力措施，最终实现森林面积的扩大和蓄积量的增加。同年，该区开启了"三北"防护林工程第二阶段第四期建设，不仅加强对原有森林草原等植被的保护，更采取人工、机械等多种方式营造防风固沙林、水土保持林等多功能林。2001年，为期10年的京津风沙源治理工程开始实施，重点治理了沙化草原、农牧交错地带沙化土地以及一级水源保护区沙地等。2002年各地区通过向退耕农户提供粮食、生活补助、种苗造林补助等措施推动退耕还林工程的顺利实施。2003年，毛乌素沙区积极实施国家退耕还草工程，加强对草原的保护，严禁当地居民过度放牧，取之以舍饲养与半舍饲养相结合的方式，既扭转了草原面积不断退化的局面，也保证了当地畜牧业的持续发展（张英，2010）。调查显示，进入21世纪以后，毛乌素沙区的造林总量远远超过了过去50年累计造林总和，草原植被覆盖率由2001年的30%提高至70%，森林与草原覆盖率的快速增加，有效地遏制了沙尘暴的袭击，减少了自然灾害的发生；同时，沙漠化防治工程的有效实施，也改善了当地居民的生活环境，促进了经济发展，提高了生活水平；生态环境的改善对生活水平提高带来了促进作用，有效地转变了当地居民的发展观念，强化了生态建设的意识，为各项生态工程的顺利实施提供了保障。

（二）毛乌素沙地资源环境效益转移结果分析

图8.1为毛乌素沙地草地、林地、耕地及水域单位面积价值变化图。可以看出，在1990年至2015年中，草地和林地单位面积价值均表现为先减后增的趋势，且转折点都出现在2000年。随着荒漠化防治工程的实施，2000年转折点之前单位价值的增长速度趋缓，转折点之后单位价值增速也表现为由快到慢。对于草地来说，其单位面积价值在2005—2010年的年均增长率为0.38%，2010—2015年的年平均增长率为0.13%。对于林地来说，其单位面积价值在2005—2010年的年均增长率为0.24%，2010—2015年的年平均增长率为0.06%。由此可见，在主要防沙治沙工程实施的前期，受植被生长周期和严重沙化土地本身的限制，草地和林地单位面积价值并没有表现出增长趋势，即荒漠化程度虽然得到一定的缓解，但荒漠化防治带来的效益并不明显。在2000年后，经过10年的治理后，单位面积价值相比前期有了大幅度提升，荒漠化防治效益显

著。2010 年后，林地、草地单位价值的增长趋于稳定。总体上，1990—2015 年，草地及林地单位面积价值表现为明显的上升趋势，耕地单位面积价值则表现为持续上涨的趋势，但在 2000 年之前增长趋势不明显，其单位面积服务价值的整体增幅为 30.35%，年均增长率为 1.07%；对于水域面积来说，其单位面积价值则表现为先增后减的趋势，在 2005 年之前表现为显著的上升趋势，但在 2005 年后则呈现大幅度的下降趋势。这表明荒漠化防治工程的实施实现了土地利用和生态环境的双重优化的同时，忽视了对水体的保护，导致水域面积单位价值下降。

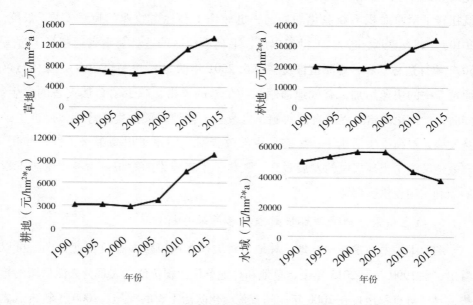

图 8.1　毛乌素沙地单位面积转移价值动态变化

　　根据上面计算的不同类型土地的单位面积价值及不同类型的土地面积的统计数据，得出毛乌素沙地防沙治沙工程的转移总价值，转移结果计算如表 8.7 所示。

表 8.7　毛乌素沙地防沙治沙工程转移总价值

类型	总转移价值（亿元）					
	1990	1995	2000	2005	2010	2015
草地	357.7286	336.4612	330.5217	354.3202	639.6442	781.781
林地	416.5884	399.4576	407.1336	519.2222	802.1793	1010.778
耕地	61.33	59.7387	40.0747	50.9855	95.0623	115.0501
水域	58.1283	68.7726	75.1655	60.1138	54.85	43.2814
合计	893.7754	864.4301	852.8955	984.4617	1591.736	1950.891

由表 8.7 中的数据可以看出，对于草地，各研究时间节点上的转移总价值分别为 357.73 亿元、336.46 亿元、330.52 亿元、354.32 亿元、639.64 亿元和 781.78 亿元，除 1990—2000 年出现小幅度下降外，其余各阶段均表现为较为明显的上升趋势，其中 2005—2010 年间的增幅远高于 2000—2005 年及 2010—2015 年间的增幅，这与 2000 年后主要荒漠化防治工程的全面实施息息相关。对于林地来说，其转移总价值在 1990—2015 年间基本处于持续增长状态，其中，以 2000 年为转折点，1990—2000 年间林地转移总价值表现为缓慢的增长，年均增长率仅为 0.11%，而 2000 年后进入迅速增长阶段，年均增长率高达 5.3%；对于耕地来说，其转移总价值整体表现为先减后增的趋势，并在 2000 年后逐渐下降，这与退耕还林工程的实施密切相关，虽然单位面积价值呈现稳步上升趋势，但由于耕地面积的削减导致整体服务价值不断下滑；对于水域资源来说，其各阶段总价值分别为 58.13 亿元、68.77 亿元、75.17 亿元、60.11 亿元、54.85 亿元和 43.28 亿元，整体表现为先增后减的趋势。

对总转移价值来说，毛乌素沙地 1990—2015 年总价值分别为 893.78 亿元、864.43 亿元、852.89 亿元、984.64 亿元、1591.74 亿元和 1950.89 亿元。图 8.2 反映了毛乌素沙地总价值的变动趋势。可以看出自 2000 年后，随着防沙治沙十年期工程的全面深入实施，毛乌素沙地转移总价值在 2000—2010 年间的增长幅度明显高于其他阶段，并且总价值的增长主要集中在后五年。可见从荒漠化防治工程开始实施到不同土地类型价值增长需要一定的时间，从而使得荒漠化防治效益存在一定的滞后性。综上所述，毛乌素沙地防沙治沙工程的草地、林地、耕地、水域的转移价值及总价值均出现了显著的增长，防沙治沙工程的综合效益得到显著的发挥。

对比分析各地类价值在整个资源环境总价值中所占的比重发现，1990—2015 年，草地价值占比最高，比重在 70% 至 80% 之间波动，并且在荒漠化防治工程全面实施后比重持续下降；林地价值所占比重在 18% 至 28% 之间波动，且波动趋势与草地资源完全相反，2000 年后相关比重增长幅度比较明显，林地价值平均占比为 22.6% 左右，明显高于耕地和水域资源。可见荒漠化防治中造林工程的实施，更有助于资源环境综合效益的提升和发挥。耕地及水域资源价值在总价值中所占比重相对较小，且变化不明显。

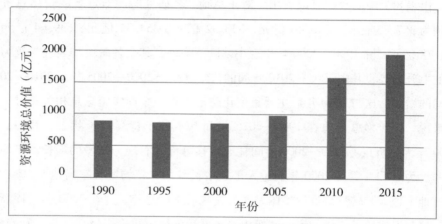

图 8.2　毛乌素沙地转移总价值变动趋势

第五节　毛乌素沙地资源环境效益预测

根据上面对毛乌素沙地防沙治沙工程转移总价值的估算，本部分基于 GM (1，1)模型对毛乌素沙地资源环境效益进行预测分析，并对毛乌素沙地 2020 年、2025 年防沙治沙工程效益进行预测研究。

一、GM(1，1)模型概述

灰色预测方法由邓聚龙教授于 20 世纪 80 年代首次提出，该模型是通过削弱随机原始序列本身的随机性，生成具有明显规律的生成序列，并以生成数列为基础，建立微分方程，即灰色预测模型。近年来，灰色预测法经过不断发展已成为一种成熟的预测方法。GM(1，1)预测主要分为以下三个步骤。

（一）数据的检验与处理

为了确保原始数据能够利用GM(1，1)进行预测，在建模之前需要对原始数据进行检验。设原始数据列为：

$$x^{(0)} = (x^0(1)，x^0(2)，\cdots，x^0(n)) \tag{8-9}$$

对原始数列计算级比：

$$\Lambda(k) = \frac{x^{(0)}(k-1)}{x^0(k)}，k=2，3，\cdots，n \tag{8-10}$$

如果原始数列的所有级比都包含于覆盖区间 $X = \left(\dfrac{-Z}{e^{n+1}}，\dfrac{Z}{e^{n+1}}\right)$，就认为数列 $x^{(0)}$ 可以通过建立 GM(1，1)模型对其进行灰色预测。

（二）GM(1，1)模型的建立

在数列 $x^{(0)} = (x^0(1)，x^0(2)，\cdots，x^0(n))$ 通过上述检验的条件下，对其构建 GM(1，1)模型：

$$x^{(0)}(k) + \alpha z^{(1)}(k) = b \tag{8-11}$$

$$z^{(1)}(k) = \alpha x^{(1)}(k) + (1-\alpha)x^{(1)}(k-1) \tag{8-12}$$

$$x^{(1)}(k) = \sum_{i=1}^{k} x^{(0)}(i)，k=1，2，\cdots，n \tag{8-13}$$

其中，α 称为发展系数，$z^{(1)}(k)$ 称为白化背景值，b 称为灰作用量。

将 $k=2，3，\cdots，n$ 代入式(8-11)有：

$$\begin{cases} x^{(0)}(1) + \alpha z^{(1)}(2) = b \\ x^{(0)}(3) + \alpha z^{(1)}(3) = b \\ \cdots \\ x^{(0)}(n) + \alpha z^{(1)}(n) = b \end{cases} \tag{8-14}$$

设：

$$U = \begin{bmatrix} \alpha \\ b \end{bmatrix} \quad Y = \begin{bmatrix} x^{(0)}(2) \\ x^{(0)}(3) \\ \cdots \\ x^{(0)}(n) \end{bmatrix} \quad B = \begin{bmatrix} -z^{(1)}(2) & 1 \\ -z^{(1)}(3) & 1 \\ \cdots \\ -z^{(1)}(n) & 1 \end{bmatrix} \tag{8-15}$$

因此，上述模型可表示为 $Y = Bu$，运用最小二乘法得出 α，b 的估计值为：

$$U = \begin{bmatrix} \alpha \\ b \end{bmatrix} = (B^T B)^{-1} B^T Y \tag{8-16}$$

由此得到累加数列 $x^{(1)}(k)$ 的预测值：

$$\hat{x}^{(1)}(k+1) = \left(x^{(0)}(1) - \frac{b}{a}\right)e^{-ak} + \frac{b}{a}, \quad k = 1, 2, \cdots, n-1 \tag{8-17}$$

对累加数列进行递减处理得出原始数列 $x^{(0)(k)}$ 的预测值：

$$\hat{x}^{(0)}(k+1) = \hat{x}^{(1)}(k+1) - \hat{x}^{(1)}(k), \quad k = 1, 2, \cdots, n-1 \tag{8-18}$$

（三）预测值的检验

对于灰色预测的结果通常采用如下两种方法进行检验：

1. 残差检验

计算相对残差值：

$$E(k) = \frac{x^{(0)}(k) - \hat{x}^{(0)}(k+1)}{x^{(0)}(k)}, \quad k = 1, 2, \cdots, n \tag{8-19}$$

如果对于所有的 $k = 1, 2, \cdots, n$ 均有 $|\varepsilon(k)| < 0.1$，则认为该灰色预测 GM（1，1）和模型达到了较高的要求；如果对于所有的 $k = 1, 2, \cdots, n$ 均有 $|\varepsilon(k)| < 0.2$，则认为达到一般要求。

2. 级比偏差值检验

计算级比偏差值：

$$P(k) = 1 - \frac{1 - 0.5\alpha}{1 + 0.5\alpha}\lambda(k), \quad k = 1, 2, \cdots, n \tag{8-20}$$

同样，如果对于所有的 $k = 1, 2, \cdots, n$ 均有 $|\rho(k)| < 0.1$，则认为该灰色预测 GM（1，1）和模型达到了较高的要求；如果对于所有的 $k = 1, 2, \cdots, n$ 均有 $|\rho(k)| < 0.2$，则认为达到一般要求。

二、毛乌素沙地资源环境效益的灰色预测

将由 Meta 分析价值转移法得出的毛乌素沙地 1990 年、1995 年、2000 年、2005 年、2010 年、2015 年防沙治沙总效益作为原始序列，通过构建 GM（1，1）模型对 2020、2025 年的防沙治沙工程的总效益进行预测。

根据上述对灰色预测方法的介绍，得出毛乌素沙地防沙治沙工程总效益的原始时间序列为：

$$x^{(0)} = (893.775, 864.43, 852.896, 984.642, 1591.736, 1950.891)$$

$$(8-21)$$

其级比为：

$$\lambda = (\lambda(2), \lambda(3), \lambda(4), \lambda(5), \lambda(6)) = (1.001, 0.994, 0.962, 0.834, 0.937) \tag{8-22}$$

可见防沙治沙工程总效益原始数列所有级比均在覆盖区间(0.751, 1.331)内，故该数列适合用于构建GM(1, 1)模型进行灰色预测。

由1990年至2015年防沙治沙工程总效益数列，得出预测模型参数为：

$$U = \begin{bmatrix} a \\ b \end{bmatrix} = \begin{bmatrix} -0.0389 \\ 217.6 \end{bmatrix} \tag{8-23}$$

将模型参数带入公式(8-17)得出本研究的GM(1, 1)灰色预测模型为：

$$\hat{x}^{(1)(k+1)} = (893.775 + 5857.8)e^{0.0389k} - 5857.8, \quad k = 1, 2, \cdots, n-1 \tag{8-24}$$

因此，根据预测模型对1990年、1995年、2000年、2005年、2010年、2015年毛乌素沙地防沙治沙工程总效益进行拟合，并对预测模型进行检验，结果如表8.8。

表8.8 GM(1, 1)模型结果检验表

K+1	年份	原始值（亿元）	模型值（亿元）	残差	相对误差	级比偏差
1	1990	893.775	893.775	0	0	—
2	1995	864.43	878.229	-13.799	0.047	-0.096
3	2000	852.896	852.96	-0.064	0.0002	-0.0492
4	2005	984.641	949.63	35.011	-0.0998	-0.07118
5	2010	1591.736	1618.777	-27.041	0.0648	0.08285
6	2015	1950.891	1948.369	2.522	-0.0058	-0.0757

由上述检验结果可知，所有相对残差及级比偏差值的绝对值均小于0.1，即该预测模型达到了较高要求，可以进行预测分析。将k=5，6，7分别带入公

式,得防沙治沙工程总效益预测结果如表8.9。

表8.9　防沙治沙工程总效益预测值

K + 1	年份	$\hat{x}^{(1)}(k)$（亿元）	$\hat{x}^{(0)}(k)$（亿元）
6	2015	7141.74	1948.369
7	2020	9220.175	2078.435
8	2025	11574.544	2354.369

由表8.9可知,毛乌素沙地2020年及2025年防沙治沙工程综合效益即年总价值分别为2078.435亿元和2354.369亿元。因此,1990—2025年,毛乌素沙地防沙治沙工程的年综合效益处于持续增长的状态,年均增长速度为2.81%,呈现可持续发展的趋势。

第六节　毛乌素沙地防沙治沙效益的空间外溢性分析

同样,根据前边对空间外溢性相关理论和方法的研究介绍,构建毛乌素沙地各县(旗)市防沙治沙工程综合效益值的空间权重矩阵如表8.10所示。

表8.10　毛乌素沙地各县(旗)市防沙治沙工程综合效益空间权重矩阵

地区	鄂前旗	鄂旗	乌审旗	伊旗	盐池县	榆阳区	神木县	横山县	靖边县	定边县	灵武市
鄂前旗	0	1	1	0	0	0	0	0	1	1	1
鄂旗	1	0	1	0	0	0	0	0	1	1	0
乌审旗	0	1	0	0	1	0	1	1	0	0	0
伊旗	0	0	1	0	1	1	1	0	0	0	0
盐池县	0	0	0	0	0	0	1	1	1	0	0
榆阳市	0	0	1	1	1	0	1	0	0	0	0
神木县	0	0	1	0	1	1	0	1	0	0	0
横山县	0	0	1	0	1	0	1	0	1	0	0

地区	鄂前旗	鄂旗	乌审旗	伊旗	盐池县	榆阳区	神木县	横山县	靖边县	定边县	灵武市
靖边县	1	1	0	0	0	0	0	1	0	1	0
定边县	1	1	0	0	0	0	0	1	1	0	0
灵武市	1	0	0	0	1	0	0	0	1	1	0

注：鄂托克前旗、鄂托克旗、伊金霍洛旗分别简称为鄂前旗、鄂旗、伊旗。

据表 8.10 毛乌素沙地各县(旗)市防沙治沙工程综合效益空间权重矩阵和全局莫兰指数的计算公式，计算的毛乌素沙地各县(旗)市防沙治沙工程综合效益值 2000—2015 年的全局 Moran' I 如表 8.11 所示。

表 8.11　2000—2015 年毛乌素沙地各县(旗)市防沙治沙工程综合效益全局 Moran' I 值

变量	I	z	P 值
y	0.438	3.320	0.000

由表 8.11 的计算结果可以看出，∣Z∣ = 3.320 > 1.96，即拒绝原假设。说明 2000—2015 年毛乌素沙地涉及的各个县(旗)市防沙治沙工程综合效益值的空间分布不是完全随机状态，具有强烈的空间相关性，在空间层面呈现空间集中聚拢的特征，即所谓的"马太效应"。因此，还需进一步研究不同地区防沙治沙工程综合效益值的空间集聚特征。

分别选取 2000 年、2005 年、2010 年、2015 年四年为代表年份，绘制不同地区防沙治沙工程综合效益值的局域莫兰指数图如图 8.3 至图 8.6 所示。在图 8.3 至图 8.6 中，将象限区分为四块：第一象限为"H–H"集聚型地区，表示本区域与相邻区域综合效益水平均相对较高；第二象限为"L–H"集聚型地区，表示本区域综合效益水平低而相邻区域水平较高；第三象限为"L–L"集聚型地区，表示本区域与相邻区域综合效益水平均较低；第四象限为"H–L"汇聚型区域，表示本区域综合效益高而周边区域综合效益较低。从整体看，在 2000—2015 年中的 4 个时间点上，LISA 集聚图均显示 11 县(旗)市主要分布于第一、

二、三象限，其中位于第一、第二象限的县（旗）市相对较多，位于第三、第四象限的相对较少，说明毛乌素沙地防沙治沙工程综合效益情况具有显著的集聚型分布特征。2000—2015 年毛乌素沙地防沙治沙工程综合效益局域莫兰散点图对应地区汇总表如表 8.12 所示。

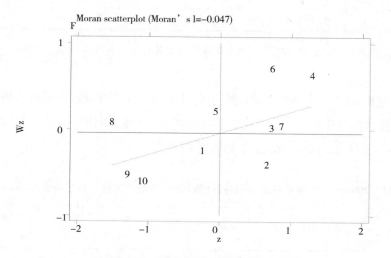

图 8.3　2000 年局域莫兰指数图

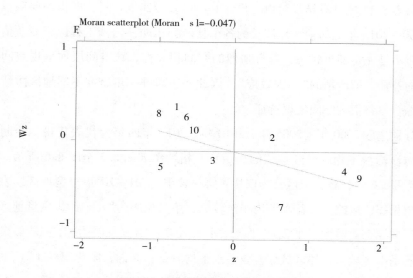

图 8.4　2005 年局域莫兰指数图

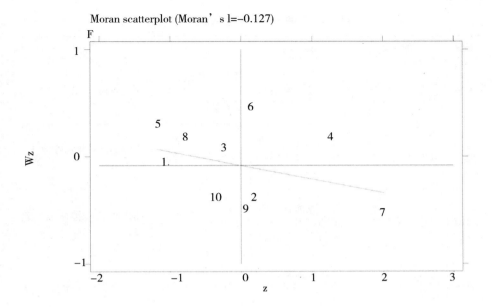

图 8.5 2010 年局域莫兰指数图

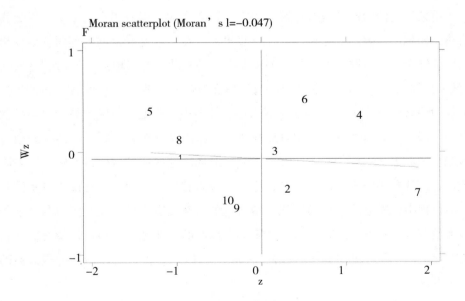

图 8.6 2015 年局域莫兰指数图

表 8.12   2000—2015 莫兰散点图对应地区

年份	高－高	低－高	低－低	高－低
2000	乌审旗、伊旗、榆林市、神木县	盐池县、横山县	鄂托克前旗、靖边县、定边县、灵武市	鄂托克旗
2005	鄂托克旗	鄂托克前旗、榆林市、横山县、定边县、灵武市	乌审旗、盐池县	伊金霍洛旗、神木县、靖边县
2010	伊旗、榆林市	鄂托克前旗、乌审旗、盐池县、横山县、灵武市	定边县	鄂托克旗、神木县、靖边县
2015	乌审旗、伊旗、榆林市	鄂托克前旗、盐池县、横山县、灵武市	靖边县、定边县	鄂托克旗、神木县

　　由地区防沙治沙工程综合效益的空间动态变化可以看出：乌审旗、伊金霍洛旗、榆林市大致一直处于"高—高"集聚型，在自身良好发展的同时，表现出较好的综合效益扩散趋势。在 2005 年后鄂托克前旗、灵武市从"低—低"区转入"低—高"区，与盐池县、横山县一直保持在"低—高"区内，说明自身防沙治沙工程的综合效益 2005 年出现了转折，综合效益由高变低，但区域综合效益扩散出现了增加，对周边地区效益的影响加强。鄂托克旗在研究时间段内综合效益由"高—高"转为"高—低"区，表明该地区对周围地区的综合效益影响水平在降低。定边县始终处于"低—低"区，综合效益未有较大的变化，也说明在荒漠化防治过程中，周边县(旗)市对该区域效益的影响没有大的变化。定边县地处榆林市最西端，是黄土高原与鄂尔多斯荒漠草原的过渡地带，周边环境恶劣，在荒漠化防治中还应更加努力(赵玲、王尔大，2011)，促进防沙治沙工程效益的更大发挥。

第七节　防沙治沙工程综合效益影响因素分析

本部分对毛乌素沙地防沙治沙工程综合效益影响因素进行分析，也主要采用空间杜宾模型估计方法进行分析。

一、变量选取

根据前面的研究，本部分选取影响防沙治沙工程综合效益的主要指标有：环境资金投入，主要用农林牧渔业固定投资占 GDP 比重来表示；产业结构，用第一产业产值在 GDP 中的比重来表示；劳动力投入，用农林牧渔业劳动力总数在地区总人口数中的比重来表示。其他影响因素还包括自然条件，如年平均气温、年降水量等，以及人均收入、地区经济发展水平、劳动力教育程度、社会经济政策等。本部分主要考察环境资金投入、产业结构和劳动力等因素对防沙治沙工程综合效益的影响，为了减小计算的工作量，其他因素暂时不予考虑。主要数据来源于国家统计局官方网站、中国统计年鉴、有关省市统计年鉴、有关省市各政府公报等。定义的变量名称和含义如表 8.13 所示。

表 8.13　防沙治沙工程综合效益影响因素分析变量选取表

变量类型	符号	变量名称	变量定义	单位	预计结果
被解释变量	CBI_m	综合效益评价值	防沙治沙工程综合效益值	无量纲	
解释变量	EI_m	环境资金投入	林业固定投资/GDP	%	+
	IS_m	产业结构	第一产业产值/GDP	%	+
	LI_m	劳动力投入情况	林业劳动力人数/总人口数	%	+

二、平稳性检验

本部分研究选择面板数据单位根 LLC 方法开展平稳性检验。具体的单位根检验计算结果如表 8.14 所示。

表 8.14　LLC 单位根检验结果

变量名	统计量	统计值	P 值
CBI_m	未调整的 t 值	−9.5371	
	调整后的 t 值 *	−5.4546	0.0000
EI_m	未调整的 t 值	−7.0367	
	调整后的 t 值 *	−4.8294	0.0000
IS_m	未调整的 t 值	−5.5734	
	调整后的 t 值 *	−3.4394	0.0010
LI_m	未调整的 t 值	−7.0106	
	调整后的 t 值 *	−5.6107	0.0029

根据表 8.14 面板数据单位根 LLC 检验结果，所有变量 P 值均小于 0.05，拒绝原假设，说明不存在单位根，也说明数据序列平稳，可以进行后续的计算分析。

三、SEM 与 SLM 模型的选择

同样，采用空间依赖性检验（LM 检验）对 SEM 模型与 SLM 模型进行选择，具体的检验计算如表 8.15 所示。

表 8.15　空间依赖性检验（LM 检验）

变量	系数	P 值
LM 检验无空间滞后（LM test no spatial lag）	31.0282	0.000
稳健 LM 检验无空间滞后（robust LM test no spatial lag）	18.1638	0.000
LM 检验无空间误差（LM test no spatial error）	14.4890	0.000
稳健 LM 检验无空间误差（robust LM test no spatial error）	1.6246	0.202

LM 检验的原假设为模型残差不存在空间自相关。从表 8.15 检验结果可以看出，LM（lag）和 LM（error）的 P 值在 5% 的水平上均非常显著，说明空间滞后模型与空间误差模型都可以被选择，并进行防沙治沙工程综合效益影响因素分析。要做出具体的模型选择，还需要进一步通过 Robust LM 的值来确认。显然，表中

Robust LM(lag)的 p 值 < 0.05, Robust LM(error)的 p 值 > 0.05, 即 SLM 模型能够更好地解释问题, 并进行综合效益影响因素的分析。因此, 我们将考虑选择该模型。

四、空间杜宾模型的 Wald 与 Huasman 检验

进一步进行空间杜宾模型(SDM)的 Wald 与 Huasman 检验, 具体计算结果如表 8.16 所示。

表 8.16　Wald 与 Huasman 检验结果

统计量	系数	P 值
Wald 空间滞后(Wald spatial lag)	18.67543	0.00071
Wald 空间误差(Wald spatial error)	15.53471	0.0027
Hausman 检验统计量(Hausman test statistic)	14.4303	0.07350

我们知道, Wald 检验的前提假设是空间杜宾模型能够简化为空间滞后模型(SLM), 或者是能够被简化为空间误差模型(SEM)。若 P 值大于 0.05, 说明可以被简化为空间滞后模型或空间误差模型; 反之则不能。

从表 8.16 计算结果可以看出, Wald 空间误差与 Wald 空间滞后的 P 值都小于 0.05, 在 5% 的显著性水平上通过检验。因此, 研究应选择 SDM 模型进行后续所有的计量分析, 可满足研究要求的所有假设条件。表中 Hausman 检验, 统计值为 14.4303, P 值为 0.07350 > 0.05, 未通过显著性检验, 因此拒绝原假设, 也进一步说明了研究应选择随机效应的 SDM 模型。

五、SDM 模型的估计结果

因此, 采用 SDM 模型进行统计分析, 具体估计结果如表 8.17 所示。

表 8.17　空间杜宾模型估计结果

变量名称	系数	统计量	P 值
Log	0.15253	5.020647	0.000001
Log	-0.03873	-3.899977	0.000096
Log	-0.055588	-3.527955	0.000419
W * log	0.08192	1.612834	0.106780
W * log	1.117907	0.770615	0.070935
W * log	-0.144541	-3.307924	0.000940
W * dep. var.	-0.563983	-4.289836	0.000018
Teta	14395	3.250520	0.001152

根据表 8.17 的估计结果可以看出：

①W * dep. var. 通过了 1% 水平下的显著性检验，说明各县（旗）市防沙治沙工程综合效益之间存在空间上的互相影响。同时系数为负数，说明各地区工程效益之间存在负向的影响。造成这一现象的原因一方面是在整个地区人财物总量有限的情况下，由于一个地区的环境治理与发展需要投入的人力、物力、财力，可能会影响另外一个或其他地区的投入，从而也影响了整个工程综合效益的发挥。另一方面，由于治理可能会涉及不同地区产业的转移，使得高水平的产业被保留在本地区而较低水平的产业会转向落后地区，加重了转入地的生态负担，也影响了有关综合效益的发挥。

②$\log EI_m$ 的系数为正数，且通过了 1% 的水平显著性检验，说明环境资金投入对毛乌素沙地各县（旗）市防沙治沙工程综合效益的水平产生显著的正向促进影响作用，其系数为 0.15253，远大于其他变量的系数，占影响的主要地位，对于综合效益的提升的贡献最大。

③$\log IS_m$ 通过了 1% 的显著性检验，且系数为负数，表明产业结构因素对毛乌素沙地各县（旗）市防沙治沙工程综合效益的提升有负向的影响作用。因此，调整产业结构，开展科技创新，对防沙治沙工程综合效益的发挥也有一定的

影响。

④$\log LI_m$ 通过了 1% 的显著性检验，且系数为负数，也说明在防沙治沙的过程中，劳动力的投入不一定越多越好，过度的人力投入可能会对沙地造成更多的干扰，并引起适得其反的结果。

⑤W * $\log EI_m$、W * $\log IS_m$ 和 W * $\log LI_m$ 均通过了 1% 的显著性水平检验，充分说明模型因变量的空间滞后项与自变量的空间交互项产生了空间溢出效应，即区域与区域相邻的综合效益，有很大的可能产生了相互的影响作用，而环境资金投入和产业结构的影响均为空间正效应，劳动力投入则为空间负效应。因此，根据杜宾模型进一步计算的直接效应、间接效应以及总效应如表 8.18 所示。

表 8.18　各变量对毛乌素沙地防沙治沙工程效益的效应检验

变量名称	直接效应	间接效应	总效应
Log	0.0054***	0.0012*	0.0066***
	(4.0131)	(1.0524)	(2.7612)
Log	0.00937*	−0.0014	0.0079
	(−1.5517)	(0.9175)	(0.3353)
Log	−0.0268	0.1988	0.2256
	(−0.4541)	(0.2034)	(0.0070)
R^2	0.4663		

从表 8.18 的计算结果可以看出：

①环境资金投入在直接、间接、总效应方面都通过了显著性检验，且所有的系数均为正。其说明环境资金投入对本区域的防沙治沙工程综合效益的提升表现出正向的直接效应，且对于地理相邻的地区存在正向的空间溢出效应的影响，相互的正向效应影响可以使得总效应更高。环境资金投入在直接效应上的系数为 0.0054，相较于间接效应的系数 0.0012 更大，因此，环境资金投入在本地区的直接作用大于对相邻地区的间接作用。

②产业结构在本地区的直接效应的作用上也通过显著性检验，且作用为正数。但是在间接效应的作用上表现为负向空间溢出效应，主要是因为直接的正向效应的作用抵消了负向的间接效应的影响，从而使产业结构的总效应为正。其主要表明在相邻县（旗）市的产业结构变化会提高本地区防沙治沙工程综合效益的水平，但对相邻县（旗）市的防沙治沙工程的综合效益的影响不一定是正向的。

劳动力投入的结果未通过检验，说明劳动力投入变量对综合效益未形成明显有效的空间溢出效应。这主要是由于劳动力投入对于防沙治沙工程具有负向的影响作用，过多的人的干扰可能会对当地的生态环境造成一定的破坏，正负相抵消导致劳动力的投入对于防沙治沙综合效益水平的提升的影响并不显著。

第八节　防沙治沙工程的区域综合效益评估

本部分主要采用前面介绍的综合指标评价法对毛乌素沙地防沙治沙工程各县（旗）市的区域综合效益进行评估，以便为防沙治沙工程区域综合效益管理提供参考。

一、评估指标和数据的处理

对于区域综合效益评估指标，主要根据前面综合指标评价法设置的9大类指标，28个具体评价指标，研究采用功效系数法对9大类评价指标进行无量纲化处理，并计算相应的功效系数 $0 \leqslant d_i \leqslant 1$，再根据熵权法确定9大类评价指标的权重（杨丽、孙之淳，2015），计算的评价指标的权重如表8.19所示。

表 8.19　毛乌素防沙治沙工程综合效益评估不同指标权重

一级指标 （总体层）	二级指标 （目标层）	三级指标 （指标层）	指标 权重
生态效益指标	资源指标	造林面积	0.1273
		森林覆盖率	0.1318
	生态指标	年降雨量	0.1296
		年均气温	0.1333
经济效益指标	经济产出指标	地区人均 GDP	0.1153
		农林牧渔业生产总产值	0.1189
	产业结构指标	第一产业产值在总产值中的比重	0.1267
社会效益指标	社会基础情况	农牧区常驻居民人均可支配收入 居民消费水平	0.1101 0.0070

对于区域综合效益评估的数据，研究主要收集毛乌素沙地所涉及的 11 个县（旗）市 2000—2015 年的相关数据，主要数据来源于 EPS 数据平台、《内蒙古统计年鉴》《中国林业统计年鉴》《中国县域统计年鉴》、相关气象网站和毛乌素各县（旗）市的有关公报等，并对毛乌素沙地防沙治沙工程综合效益进行分析。对于有关缺失的数据，主要采用差分法进行补充。

二、区域综合效益评估

根据上面收集的毛乌素沙地 11 个县（旗）市 2000—2015 年的评价数据和确定的评价指标的权重，计算的 2000—2015 年 11 个县（旗）市的区域防沙治沙工程的综合效益评估值如表 8.20 所示。

表 8.20　2000—2015 年毛乌素沙地防沙治沙工程综合效益评估值

地区 ＼ 年份	2000	2001	2002	2003	2004	2005	2006	2007	2008
鄂前旗	0.0014	0.0018	0.0018	0.0021	0.0023	0.0027	0.0029	0.0038	0.0048
鄂旗	0.0019	0.0025	0.0026	0.0036	0.0053	0.0075	0.0099	0.0136	0.0189
乌审旗	0.0020	0.0024	0.0023	0.0029	0.0032	0.0047	0.0061	0.0095	0.0140

年份 地区	2000	2001	2002	2003	2004	2005	2006	2007	2008
伊旗	0.0023	0.0027	0.0036	0.0052	0.0087	0.0111	0.0157	0.0241	0.0347
盐池县	0.0015	0.0019	0.0021	0.0026	0.0045	0.0020	0.0022	0.0024	0.0030
榆林市	0.0020	0.0020	0.0023	0.0028	0.0030	0.0032	0.0062	0.0077	0.0096
神木县	0.0020	0.0030	0.0041	0.0052	0.0063	0.0079	0.0140	0.0229	0.0336
横山县	0.0007	0.0008	0.0008	0.0013	0.0013	0.0020	0.0024	0.0034	0.0063
靖边县	0.0008	0.0013	0.0033	0.0037	0.0061	0.0117	0.0148	0.0236	0.0294
定边县	0.0009	0.0009	0.0012	0.0014	0.0016	0.0036	0.0045	0.0097	0.0153
灵武市	0.0013	0.0015	0.0016	0.0020	0.0025	0.0027	0.0036	0.0054	0.0078

年份 地区	2009	2010	2011	2012	2013	2014	2015		
鄂前旗	0.0058	0.0076	0.0099	0.0129	0.0161	0.0172	0.0173		
鄂旗	0.0266	0.0327	0.0393	0.0456	0.0512	0.0547	0.0520		
乌审旗	0.0194	0.0238	0.0300	0.0382	0.0462	0.0494	0.0488		
伊旗	0.0464	0.0556	0.0663	0.0746	0.0758	0.0793	0.0775		
盐池县	0.0035	0.0043	0.0056	0.0065	0.0075	0.0082	0.0076		
榆林市	0.0213	0.0316	0.0415	0.0506	0.0569	0.0638	0.0591		
神木县	0.0522	0.0714	0.0909	0.1179	0.1092	0.1141	0.0967		
横山县	0.0072	0.0116	0.0130	0.0146	0.0169	0.0188	0.0165		
靖边县	0.0236	0.0302	0.0368	0.0400	0.0445	0.0464	0.0351		
定边县	0.0174	0.0226	0.0297	0.0366	0.0393	0.0430	0.0336		
灵武市	0.0110	0.0155	0.0199	0.0242	0.0273	0.0302	0.0268		

注：鄂托克前旗、鄂托克旗、伊金霍洛旗分别简称为鄂前旗、鄂旗、伊旗。

2000—2015 年毛乌素沙地 11 个县(旗)市的区域防沙治沙工程的综合效益的变化如图 8.7 所示。从表 8.20 和图 8.7 可以看出，毛乌素沙地各县(旗)市防沙治沙工程综合效益水平均有明显的提升，最高值为神木县，为 0.1179，自 2000年后出现了明显的上升趋势，在 2012 年后出现了增长趋缓的趋势。防沙治沙综合效益 2000—2015 年一直处于较高水准的地区有神木县、伊金霍洛旗。榆林市、鄂托克旗、乌审旗、定边县、灵武市处于综合效益值的中游水平，盐池县、横山县、鄂托克前旗属于综合效益值较低的区域，靖边县的综合效益在 2008 年后出现了略微的降低，此后维持在中等偏下的水平。因此，从防沙治沙工程区域综合效益评估结果来看，毛乌素各县（旗）市防沙治沙工程发展不均衡，存在较大的差异，防沙治沙工程综合效益也存在较大的差异，在今后对综合效益的管理中要注意这种发展的不均衡性。

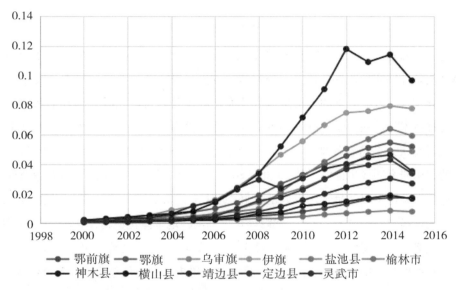

图 8.7　2000—2015 年毛乌素沙地各县（旗）防沙治沙工程综合效益变化图

第九章

人工、自然因素对毛乌素防沙治沙综合效益的影响

为了营造"三北"防护林带，早期毛乌素荒漠化治理的研究主要集中在开展沙漠自然条件的实地调查并建立部分实验站方面。研究者主要通过研究沙漠化程度的差异发现，人工因素的干扰是造成荒漠化的主要因素。此后大部分学者利用卫星遥感技术，从最开始的静态调查研究，转向更为丰富的动态监测研究。其中大多数研究认为毛乌素沙地荒漠化处于逆转态势（吴徽，2001；吴徽等，1997）。相应的跟踪研究同样也证明了从 20 世纪 80 年代到 21 世纪前十年，毛乌素沙地荒漠化逆转在总体上仍然呈现出良好的发展态势（王玉华等，2008）。进一步的研究还利用地理信息系统（GIS）技术，同时展示毛乌素沙地荒漠化逆转发展的空间和时间变化趋势，以可视化的形式证明了荒漠化的结构性逆转（闫峰、吴波，2013）。在毛乌素沙地较早的气候变化研究中，研究基本得出了暖干化趋势的一致性结论（徐小玲、延军平，2004；徐小玲、延军平，2003；刘登伟等，2003）。据此，大部分学者肯定了人为因素在荒漠化逆转中的重要作用，但只有少数研究者以土地利用方式、产业结构、政策等为影响因素，分析植被覆盖率等的相应变化（闫峰、吴波，2013）。进入 21 世纪，全球气候发生了重大变化，有研究认为降水量与气温呈同步上升的趋势，其中降水量对于毛乌素荒漠化逆转起到了决定性作用，在研究中，响应变量常常使用植被覆盖率或森林覆盖率以代表不同荒漠化程度（柏菊、闫峰，2016；王静璞等，2015），并进行沙地荒漠化逆转的影响分析。

可以发现，大部分研究只是根据遥感技术进行直观展示，进而通过文献梳理得出较为主观的因素判断沙地荒漠化逆转的影响并提出相应建议，均未进行定量化的影响因素分析探讨（吴薇，2001）。其余的研究也仅仅通过单一的相关分析初步呈现出人工因素和自然因素对于荒漠化的影响，即使一些研究认为存

在自然或人为的影响，也往往不能从量化角度进行科学的分析，更无法厘清不同因素之间的交互机制和作用（郭坚等，2008）。基于此，本部分通过引入虚拟变量及其交互项，通过定量化分析，度量人工因素和自然因素对于毛乌素沙地荒漠化逆转的影响效应。

第一节 数据与变量

一、数据来源

本部分的研究主要根据中国经济社会大数据平台统计数据，根据陕西省经济社会发展统计数据库、内蒙古自治区经济社会发展统计数据库和宁夏回族自治区经济社会发展统计数据库，选取了毛乌素沙地周边部分县（旗）市的数据并进行分析。受到数据库统计资料的限制，2000 年之前和 2015 年之后的多个地区的多项重点指标严重缺失，考虑到所选数据的覆盖范围和数据的可获取性，本部分研究选择的研究时间段为 2000 年至 2015 年。考虑到政策的影响因素，1978 年启动的"三北"防护林工程，2001—2020 年已进入第二阶段、第五工程期；"退耕还林"工程，1999 年四川、陕西、甘肃 3 省率先开展了试点，2002 年 1 月我国正式全面启动退耕还林工程；2002 年，我国也启动了京津风沙源治理工程，一期工程已启动至今，二期工程正在筹划中；2000—2010 年，我国还实施了天保工程；2002 年 1 月 1 日也开始施行《中华人民共和国防沙治沙法》。这些工程、政策及相关法律法规对我国防沙治沙和生态环境的改善等发挥了重要作用。因此，从 2000 年开始，"三北"防护林五期工程、退耕还林还草工程、京津风沙源治理工程等国家重大生态工程相继开展，为了避免此类生态工程引起的估计误差，数据起始点确定为 2000 年。另外，2005 年，国务院批复了《全国防沙治沙规划（2005—2010）》，之后的 2011 年还批复了《全国防沙治沙规划（2011—2020）》（Byrne B M，2016），并出台了相关政策。在 2000 年至 2005 年期间，甚至在 2010 年前后，我国密集实施了有关防沙治沙工程，并先后出台了许多防沙治沙政策、法律法规和相关规划等。因此，选取 2005 年和 2010 年作为全国防沙治沙重要的政策时间节点，并划分出了三个不同的时间段，以便分析不同的时间段防沙治沙工程的政策影响。在分析中，本研究部分选择了2000—2015年作为研究时间段，最终纳入研究的数据样本共有160个，涉及地区均在毛乌素沙地地域范围内，具体包括鄂托克前旗、鄂托克旗、乌审旗、伊金霍洛旗、盐池县、灵武市、榆林市、神木、横山、靖边和定边县等。

二、变量描述

在已有研究的基础上，依据本部分研究的目标，选取的主要自然、人工因素变量如下：

植被覆盖率(v_ ratio)：指某一地域植物垂直投影面积与该地域面积的百分比。植被覆盖率反映了一个地区绿色植被的丰富程度和生态平衡状态的重要指标。它不同于森林覆盖率，森林覆盖率指一个地区森林面积占土地总面积的百分比。在计算森林覆盖率时，森林面积包括郁闭度0.2以上的乔木林地面积和竹林地面积，国家特别规定的灌木林地面积、农田林网以及四旁(村旁、路旁、水旁、宅旁)林木的覆盖面积。植被覆盖率、森林覆盖率的单位为%。

年降水量(rain)：指在以年为单位的统计时间内，降落到水平面上，假如无渗漏、不流失，也不蒸发，累积起来的水的深度。其单位是mm。

年均气温(temp)：气温指空气的温度，通过离地面1.5m处的百叶箱进行测量，其单位为摄氏度(℃)。年均气温是将12个月的月平均气温累加后除以12，其中月平均气温是将全月各日的平均气温相加，除以该月的天数而得。

地区GDP的对数值(lngdp)：地区GDP是一个地区在一定时期内生产活动的最终成果，有三种表现形态，即价值形态、收入形态和产品形态。在实际核算中，通过生产法、收入法和支出法这三种方法进行计算，并从不同的方面反映地区生产总值及其构成。本研究按照一般文献的普遍做法，将地区GDP的对数值(lngdp)作为解释变量，以分析不同地区经济发展对荒漠化逆转的影响。

地区农林牧渔业总产值的对数值(lnprod)：地区农林牧渔业总产值包含了农业总产值中的种植业和农民家庭兼营工业部分，其中种植业指粮食作物、经济作物和蔬菜瓜果种植。此外，林业产值中包含营林、林产品、村及村以下的木材采伐，而牧业产值包括牲畜、家禽饲养和捕猎等。最后，对渔业产值进行了统一计算，计算中渔业产值主要按生产法计算。本部分也按照相关文献的普遍做法，将地区农林牧渔业总产值的对数值(lnprod)作为解释变量，以反映地区农林牧渔业的生产水平。

农村牧区常驻居民人均可支配收入的对数值(lnp_ inc)：居民人均可支配收入指居民可用于最终消费支出和储蓄的总和，即居民可用于自由支配的收入。既包括现金收入，也包括实物收入。按照收入的来源，可支配收入包含四项，分别为工资性收入、经营净收入、财产净收入和转移净收入。针对农村牧区常驻居民的部分，即农村牧区常驻居民人均可支配收入，本文也按照相关文献的普遍做法，将农村牧区常驻居民人均可支配收入的对数值(lnp_ inc)作为解释变量来分析收入对防沙治沙效果的影响。

政策影响因素(policy_ 1 和 policy_ 2)：由于把 2005 年和 2010 年作为两个重要的时间点，并作为全国防沙治沙政策影响的两个重要年份，本研究引入 policy_ 1 和 policy_ 2 两个虚拟变量，前者代表了毛乌素防沙治沙工程实施的政策效应，尤其代表"三北"防护林五期工程、退耕还林还草工程、京津风沙源治理工程等实施效应；后者代表了天保工程、《全国防沙治沙规划(2011—2020)》等实施的政策效应，并以此来评估防沙治沙政策的影响。分析中，2000—2004 年的样本数据被划分为政策 0 状态，其虚拟变量赋值为 policy_ 1 = 0 且 policy_ 2 = 0；而 2005—2009 年的样本数据被划分为政策 1 状态，其虚拟变量赋值为 policy_ 1 = 1 且 policy_ 2 = 0；最后 2010—2015 年的样本数据被划分为政策 2 状态，其虚拟变量赋值为 policy_ 1 = 0 且 policy_ 2 = 1。

针对三个政策状态，表9.1 给出了各变量统计数据的描述性统计分析结果。

表9.1 变量汇总表

变量	均值			中位数		
	政策 0	政策 1	政策 2	政策 0	政策 1	政策 2
v_ ratio	0.26	0.26	0.32	0.25	0.3	0.33
rain	310.36	310.36	320	318.05	314.5	319.05
temp	8.66	8.66	8.91	8.96	9.12	9.37
lngdp	11.88	11.88	14.79	11.9	13.63	15
lnprod	9.19	9.19	12.07	9.77	11.06	12.19
lnp_ inc	7.57	7.57	9.18	7.55	8.57	9.32

第二节 数据分析

一、降维处理

首先，本部分研究使用 R 语言的 GGally 包对各变量进行相关分析，进而对相关性进行可视化呈现，图形绘制最终结果如图 9.1 所示。图形通过下三角的简洁形式，以渐变色彩和 Pearson 相关系数清晰地呈现出了变量间的一般关系，其中 lngdp、lnprod、lnp_ inc 三者间展现出格外强烈的正向相关性，并共同体现了经济特征因素，即经济发展水平和程度；而 rain 和 temp 之间的相关性也相对较高，一定程度上代表了自然环境因素的影响；此外，v_ ratio 与其余变量之间的关系都不是非常密切，因此，需要进一步的分析。

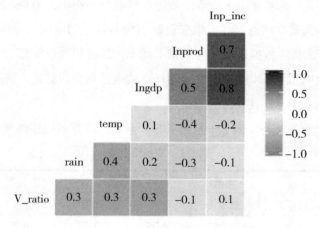

图 9.1　相关分析图

（一）经济特征因素

首先，对 lngdp、lnprod、lnp_ inc 三个变量进行探索性因子分析，由含平行分析的碎石图可见（如图 9.2 所示）。第一，基于 Kaiser – Harris 准则来保留特征值大于 1 的公共因子，对应的探索性因子分析则应该选择一个公共因子；第二，基于碎石检验来保留在图形变化最大处之上的公共因子，对应的探索性因子分析在第二公共因子处出现拐角，因此应当选择一个公共因子；第三，基于平行分析以一组随机数组的特征值平均值为标准选择大于该平均特征值的部分，对应的探索性因子分析同样应当取一个公共因子。此时进一步考虑方差贡献率因素，提取一个公共因子时的方差贡献率就已经达到了 73%，但提取两个公共因子时的累计方差贡献率也仅为 74%，且其中第一和第二公共因子的解释比率分别为 99% 和 1%。

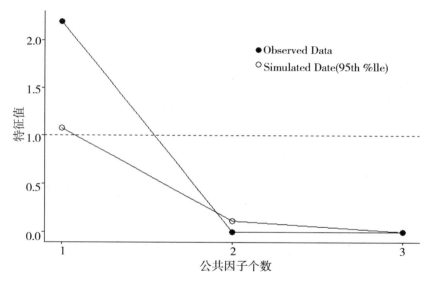

图 9.2　经济特征因素平行分析碎石图

综合上述结果来看，lngdp、lnprod、lnp_ inc 三个变量可以由一个公共因子进行解释，具体来说，提取一个未旋转公共因子时选择主轴迭代法，根据因子载荷矩阵中的方差解释度，发现该公因子对三个变量的方差解释度超过了 50%，可见此公共因子对于上述变量的解释都较为平衡，进而将该均衡因子得分作为新增解释变量，即经济特征变量（fa_ economy）。

（二）自然环境因素

对 rain 和 temp 两个变量进行探索性因子分析，由碎石图可以看出（如图 9.3

所示）：第一，基于 Kaiser – Harris 准则来保留特征值大于 1 的公共因子，对应的探索性因子分析则应该选择一个公共因子。第二，基于碎石检验来保留在图形变化最大处之上的公共因子，对应的探索性因子分析在第二公共因子处出现拐角，因此应当选择一个公共因子。但考虑到方差贡献率因素，提取一个公共因子时的方差贡献率仅为 27%。由于方差贡献率远低于 50% 的要求，说明该公共因子并不能较完整地代表两个原始变量，因此仍然保持使用 rain 和 temp 两个变量，并代表自然环境因素。

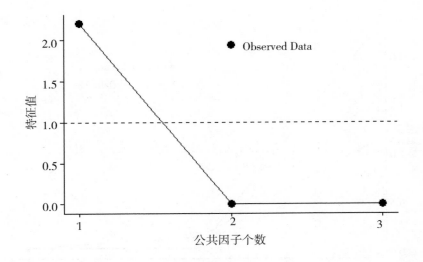

图 9.3　自然环境因素平行分析碎石图

（三）同源偏差检验

考虑到样本同源偏差的问题，本部分研究还进行了同源偏差检验。根据 Harman 单因素检验的标准，如果同源偏差存在，测量的题项将会形成一个解释方差占主导地位的因子，因此本部分将 v_ ratio、rain、temp、lngdp、lnprod 和 lnp_ inc 共 6 个变量的选项集合起来，分别做主成分分析和探索性因子分析。结果表明，前两个主成分的方差贡献率分别为 31% 和 17%，而前两个公共因子分别解释了 38% 和 23% 的变异量，并不存在一个主导因子，且均未超过建议的 50% 的标准值（Hair Jr J F et al.，2016；郭少阳等，2018）。这说明同源偏差问题在本研究中并不存在（Anderson J C、Gerbing D W，1988），因此，研究结论的可靠性不会受到相应变量同源偏差的影响。

二、回归分析

（一）虚拟变量回归

虚拟变量，是对定性事物的一种人工定量化的编码形式，能够将定类和定序引入回归分析。已有文献指出，回归分析与方差分析本质上是同一类统计方法，区别在于自变量的连续性和分类性之差，且回归分析在计算流程和解释力度上更具优越性（郭少阳等，2018）。因此，虚拟变量回归模型（DVRM）与方差分析的结论一致且更具有分析功效。在虚拟变量回归中，常数项系数表示基准水平下因变量的均值，因素效应项的系数表示相应水平下因变量均值与常数项之差（傅莺莺等，2019；陈崇双等，2018）。因此，就 m 个水平而言，则需要引入 $m-1$ 个虚拟变量。

为防止多重共线性，最终模型结构的数学表达式如下所示，其中 $\varepsilon \sim N(0, \delta^2)$：

$$v\_ratio = \beta_0 + \beta_1 policy\_1 + \beta_2 policy\_2 + \beta_3 rain + \beta_4 temp + \beta_5 fa\_economy + \varepsilon$$

$$(9-1)$$

表 9.2 给出了 v_ratio 的 OLS 估计结果。在没有任何控制变量的情况下，$policy\_1$ 相对于政策 0 的状态能够显著提升 0.040 的 v_ratio（$p < 0.05$），$policy\_2$ 相对于政策 0 的状态能够显著提升 0.055 的 v_ratio（$p < 0.01$）；引入 $rain$ 控制变量后，前述两个数字分别下降为 0.039 和 0.052；进一步引入 $temp$ 控制变量，两个效应继续下降为 0.034 和 0.047，但仍然存在显著影响。可以发现，在模型 D 中，上述效应值得到了较大幅度的提升，但经过逐步回归后发现控制 $fa\_economy$ 的模型的 AIC 值为 -765.23，而删除该控制变量后，模型的 AIC 值为 -766.08。因此，逐步回归法删除了 $fa\_economy$ 控制变量，分析仍应当以模型 C 为基准。模型 C 的修正的可决系数为 0.172，而在其回归方程的显著性检验即 F 检验中，列入模型的各个解释变量联合起来对被解释变量有显著的影响（$p < 0.05$）。此外，t 检验结果显示，$rain$ 在 1% 的显著性水平下对 v_ratio 产生

0.001 的正向作用，temp 在1%的显著性水平下对 v_ ratio 产生 0.025 的正向作用，值得一提的是，两个虚拟变量 policy_ 1 和 policy_ 2 的两个系数意味着相对于政策 0 状态，政策 1 和政策 2 在控制其他部分变量后，能够分别增加 0.034 和 0.047 的 v_ ratio。综上所述，以虚拟变量进行表示的两项政策、年降水量和年均气温均对森林覆盖率有显著的正向效应。

在模型 C 的基础上，为了探寻不同政策条件下其他因素的影响差异，进而考虑虚拟变量的交互效应。通过两个虚拟变量 policy_ 1 与 policy_ 2，以及两个连续变量 rain 和 temp 构建了四个交互项：p1_ rain、p1_ temp、p2_ rain、p2_ temp。初始模型可以表示为：

$$v\_ ratio = \beta_0 + \beta_1 policy\_ 1 + \beta_2 policy\_ 2 + \beta_3 rain + \beta_4 temp + \beta_5 p1\_ rain$$
$$+ \beta_6 p1\_ temp + \beta_7 p2\_ rain + \beta_8 p2\_ temp + \varepsilon \qquad (9-2)$$

表9.2　虚拟变量回归表

变量	A	B	C	D	E
policy_ 1	0.040 *	0.039 *	0.034 *	0.047 *	0.038.
policy_ 2	0.055 * *	0.052 * *	0.047 *	0.072 *	0.226
rain		0.001 * *	0.001 * *	0.001 *	0
temp			0.025 * *	0.022 * *	0.038 * * *
fa_ economy				− 0.012	
p2_ rain					0.001 * *
p2_ temp					− 0.039 *
常数项	0.262 * * *	0.165 * * *	− 0.023	− 0.005	− 0.001
调整后的 R2	0.041	0.121	0.172	0.173	0.214
P 值	0.014	0	0	0	0

注：（1）*表示1%的显著性水平；＊＊表示5%的显著性水平；＊＊＊表示10%的显著性水平。（2）A、B、C、D、E 分别表示没有任何控制变量，引入 rain、temp 和 fa_ e-conomy 控制变量及删除 fa_ economy 控制变量的 OLS 估计结果。下同。

同样，以逐步回归进行变量选择，该初始模型的 AIC 值为 - 770.24，自动删除 p1_ rain 与 p1_ temp 两个变量后 AIC 值为 - 772.54。因此，最终模型引入的是由 policy_ 2 与 rain 相乘获得的变量 p2_ rain，和由 policy_ 2 与 temp 相乘获得的变量 p2_ temp。对于 p2_ rain 而言，除了 policy_ 2 取值为 1 的观测值仍然与 rain 值相同，其余观测样本的 p2_ rain 变量值均为 0，变量 p2_ temp 的取值方式也是如此。最终模型可以表示为：

$$v\_ration = \beta_0 + \beta_1 policy\_1 + \beta_2 policy\_2 + \beta_3 rain + \beta_4 temp + \beta_5 p2\_rain + \beta_6 p2\_temp + \varepsilon \tag{9 - 3}$$

模型回归结果在上表中的模型 E 中列出，整体来看修正的可决系数提升为 0.214，加入交互项后原本显著的 policy_ 2 与 rain 不再显著，而 temp 依然保持强烈的显著性水平，余下的 p2_ rain、p2_ temp 与 policy_ 1 三项分别在 1%、5% 和 10% 的显著性水平上拒绝系数为 0 的原假设。这表明年均气温仍然对植被覆盖率有显著的正向影响，此外年降水量和年均气温在政策 2 的交互作用下会对植被覆盖率产生不同方向的影响。

（二）回归诊断

首先，进行正态性假设的检验，绘制的 QQ 图如图 9.4 左图所示。此方法通过将正态分布的分位数与残差的分位数画成散点图，若误差服从正态分布则会集中于 45°线附近。可以看到大部分样本点较为靠近 45°直线，但极少数样本点存在较大偏离。此外，为了更加直观地了解数据的分布状况，本研究还绘制了柱状图和核密度曲线，如图 9.4 右图所示。可以看到残差的分布并非完全符合正态分布的形式，存在一定偏态。由于可视化的方式较为主观，因此，进一步选择使用 JB 检验和 D'Agostino 检验。JB 检验利用残差项 $\{e_1, \cdots, e_n\}$ 的偏度与超额峰度的样本估计值，进而计算其平方的加权平均数作为检验统计量，且其自由度为 2：

$$JB = \frac{n}{6} \left[\left(\frac{1}{n\hat{\sigma}^3} \sum_{i=1}^{n} e_i^3 \right)^2 + \frac{1}{4} \left(\frac{1}{n\hat{\sigma}^4} \sum_{i=1}^{n} e^4 - 3_i \right)^2 \right] \tag{9 - 4}$$

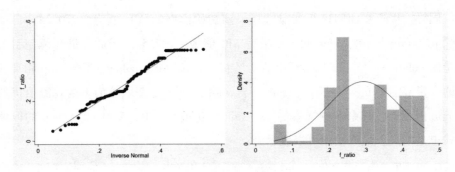

图9.4　正态性检验图

其次，计算因变量的 v_ ratio 的偏度与峰度，并根据上述统计量公式利用样本容量、偏度以及峰度的取值计算得到 JB 统计量为 2.453，并根据 $\chi^2(2)$ 分布得到相应 p 值。D′Agostino 检验则是作为正态检验的改进方法，设计了更加复杂的统计量，并由 Stata 官方程序提供计算。最终，两种检验的 p 值分别为 0.293 和 0.154，故均在 5% 的显著性水平上接受正态分布的原假设。

虽然模型(9－3)通过逐步回归法删除了 fa_ economy 控制变量，但为了更加直观地观测多重共线性影响，本部分研究还通过 VIF(Variance Inflation Factor, 方差膨胀因子)进行检测，其中 VIF 是通过多个解释变量进行辅助回归后确定的多重可决系数进行再计算得到的，即：

$$VIF_k = \frac{1}{1 - R_k^2} \tag{9－5}$$

一般而言，要求 VIF < 10 则不用担心多重共线性问题。基于模型 E，分别衍生出 4 个模型并计算 rain、temp、policy_ 1 和 policy_ 2 等变量的 VIF 大小。对于模型(9－1)而言，由于并没有对模型 E 做出变量更改，可见两个虚拟变量交互项以及 policy_ 2 远远大于 10，所以存在严重的多重共线性问题。接下来对 3 个模型逐个进行虚拟变量交互项的删除，只有最终完全删除两个交互项后，各变量的 VIF 值及其平方根才均达到相应的要求标准。这也表明，经过变量剔除，模型(9－3)或模型 C 并不存在多重共线性问题。

具体检验结果如表9.3 所示。

表9.3　方差膨胀因子汇总表

变量	未删除虚拟变量交互项	删除虚拟变量 p2_ temp 交互项	删除虚拟变量 p2_ rain 交互项	删除虚拟变量 p2_ rain 和 p2_ temp 交互项
policy_ 1	1. 39	1. 16	1. 39	1. 38
policy_ 2	90. 07	15. 15	88. 91	1. 39
rain	1. 58	1. 51	1. 15	1. 14
temp	1. 64	1. 38	1. 58	1. 15
p2_ rain	16. 63	15. 27		
p2_ temp	98. 34		90. 29	

关于模型设定的系统偏误问题，若方程中存在非线性项，则解释变量对于被解释变量的边际效应将与解释变量本身或其他解释变量相关，导致变量遗漏偏差。

本部分研究首先通过 RESET 检验把非线性项引入方程并检验其系数的显著性，研究中分别引入各解释变量的二次项、三次项以及四次项，即：

$$y = x'\beta + \delta_2 \hat{y}^2 + \delta_3 \hat{y}^3 + \delta_4 \hat{y}^4 + \mu \tag{9-6}$$

该检验原假设为 H_0：$\delta_2 = \delta_3 = \delta_4 = 0$，若 F 检验拒绝原假设，那么模型中则存在高次项的遗漏问题。结果显示 p 值为 0.741，说明并不存在高阶非线性项的遗漏，可以直接使用原模型。

本部分研究接着使用连接检验进行下述回归：

$$y = \delta_0 + \delta_1 \hat{y} + \delta_2 \hat{y}^2 + \varepsilon \tag{9-7}$$

检验拟合值平方的系数是否为 0 的原假设，检验结果如表 9.4 所示。从表 9.4 可以看出，拟合值平方项（_ hatsq）并不显著，它对于被解释变量不存在解释力，这也再次说明了本模型并不存在设定误差。

表9.4　连接检验表

v_ ratio	系数	标准误	t	P > t
_ hat	− 0. 591	1. 956	− 0. 3	0. 763
_ hatsq	2. 786	3. 415	0. 82	0. 416
_ cons	0. 222	0. 276	0. 8	0. 423

为了进一步进行异方差性的检验，本部分研究首先绘制残差图如图 9.5 所示，从图中可以看出，随着被解释变量拟合值的变化，扰动项的方差并没有特别明显的变化，只存在稍微的递减趋势。因此，进一步使用怀特检验，结果如表 9.5 所示。在表 9.5 中，p 值为 0.005，说明应当强烈拒绝同方差的原假设，认为存在异方差。

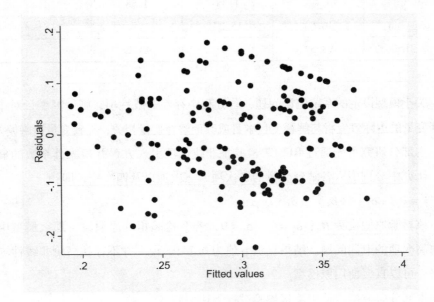

图 9.5 异方差检验残差图

表 9.5 怀特检验表

统计量	卡方值	df.	p
Heteroskedasticity	26.72	11	0.005
Skewness	6.22	4	0.183
Kurtosis	7.5	1	0.006
总值	40.44	16	0.001

另外，采用适用性更强的 BP 检验，因其将扰动项的正态分布假设削弱为独

立同方差分布，但检验结果显示 p 值为 0.865，因此，应当接受同方差分布的原假设。这一结论与怀特检验产生分歧，但一般情况下，如果可能存在异方差分布，则应该使用稳健标准误，因为在异方差情况下仍然使用普通标准误会大大低估系数的真实标准差，从而导致错误的统计推断。因此，本部分研究使用稳健标准误重新对模型 C 进行回归，结果如表 9.6 所示。从回归结果可以看出，即使通过稳健标准误进行回归，policy_ 1、policy_ 2、rain 与 temp 四个解释变量在不同的显著性水平上均对 v_ ratio 产生了正向效应，与普通标准误回归的差异几乎仅存在于它们的取值上。此外，模型的拟合优度为 0.193，而在模型整体的 F 检验中，p 值也达到了 0.000，说明本模型的整体适配度也较强。

表 9.6　稳健标准误回归表

v_ ratio	系数	标准误	t	p	显著性水平
policy_ 1	0.034	0.019	1.79	0.076	.
policy_ 2	0.047	0.019	2.47	0.015	*
rain	0.001	0	2.76	0.006	* *
temp	0.025	0.008	3.28	0.001	* *
常数项	− 0.023	0.058	− 0.4	0.692	
因变量均值	0.295		因变量标准差		0.099
R2	0.193		样本数		160
F	12.399		Prob > F		0
AIC	− 312.017		BIC		− 296.641

注：＊表示1%的显著性水平；＊＊表示5%的显著性水平；＊＊＊表示10%的显著性水平。

第三节　结论

根据陕西省经济社会发展统计数据库、内蒙古自治区经济社会发展统计数据库、宁夏回族自治区经济社会发展统计数据库中 2000—2015 年的数据，对我国毛乌素沙地荒漠化逆转因素进行了分析研究，可以得到以下结论：

第一，根据初步描述性统计可以发现，2000—2015 年我国毛乌素沙地的植被覆盖率保持上升趋势，意味着毛乌素沙地的荒漠化程度也呈现出逆转趋势。

第二，毛乌素沙地各县(旗)市 GDP 的对数值、地区农林牧渔业总产值的对数值、农村牧区常驻居民人均可支配收入的对数值三个变量可以降维为一个经济特征因素，但方差分析与回归分析结果都证明该经济特征因素对于毛乌素沙地的荒漠化逆转不存在明显的作用。

第三，在自然环境因素中，年降水量和年均气温在 1% 的显著性水平下对植被覆盖率产生正向作用。其中年降水量的系数意味着年降水量每增加 100mm，植被覆盖率将会增加 10%；相应年均气温每增加 1℃，森林覆盖率将会增加 2.5%。这不仅再次验证了气温和降水的增加对于毛乌素沙地荒漠化逆转有极大的推动作用，还能够对自然因素的影响程度进行量化分析。值得注意的是，虽然年降水量的系数很小，具体仅为 0.001，但这是因为年降水量相对于其他变量，如年均气温的数据量纲更大，且其标准差为 91.924，远远高于年均气温 0.999 的标准差。因此，可以发现，系数相对较小的年降水量反而具有更大的效应，其对于毛乌素沙地荒漠化逆转具有决定性的作用。

第四，在人工因素，尤其是政策因素中，policy_ 1 和 policy_ 2 两个虚拟变量分别在 10% 和 5% 的水平上显著。虚拟变量各自的系数意味着，相对于政策 0 状态，政策 1 和政策 2 在控制自然环境因素变量后，能够分别增加 3.4% 和 4.7% 的植被覆盖率。由此可见，相对于 2000 年，"三北"防护林五期工程、退耕还林还草、京津风沙源治理工程、天保工程和《全国防沙治沙规划(2005—2010)》等实施对于推动毛乌素沙地荒漠化逆转具有明显的正向作用，这也从定量化角度明确了政策因素对推进荒漠化全面逆转的重要作用。

第五，由于存在强烈的多重共线性问题，出于保留模型稳健性的考虑，本部分研究并未继续深入探讨人工因素中政策因素与自然因素交互作用对植被覆盖率的作用和影响，今后的研究可以基于此，来探寻不同政策条件下，各种自然因素对于荒漠化逆转的影响效应的差异，并对后续的政策实施提供更具有针对性的建议和参考。

第十章

结论及建议

毛乌素沙地是中国四大沙地之一，地处黄土高原与鄂尔多斯台地的过渡地带，位于北纬 37°27.5′～39°22.5′，东经 107°20′～111°30′之间。包括内蒙古自治区的伊金霍洛旗、乌审旗、鄂托克旗、鄂托克前旗，陕西省的定边县、榆林市、神木县、靖边县、横山县及宁夏回族自治区的灵武市、盐池县。毛乌素沙地总面积为 9.2 万 km²，其中沙地面积约 6.4 万 km²，约占全国沙化土地面积的 3.7%。从 1959 年毛乌素沙地防沙治沙工作开展以来，不同的防沙治沙工程的实施和开展取得了一系列成效，但较少对这些成效进行系统的评估。本研究在国家重点研发计划专题(2016YFC0500905-4)的支持下，对毛乌素沙地防沙治沙工程的综合效益进行了系统评估，得出了一些主要结论。

第一节 结论

研究首先根据政策实施地的经济发展、自然环境特征等选取样本研究地的相关研究，并对这些研究进行筛选，建立符合样本研究地要求的数据库，采用 Meta 分析法构建了毛乌素沙地防沙治沙工程综合效益评估的价值转移模型。在此基础上，结合毛乌素沙地有关生态环境、社会经济发展等方面的统计资料和监测数据，估算了防沙治沙工程的草地、林地、耕地及水域四种土地类型资源的综合效益，并分析了影响综合效益变化的因素，具体结论为：

第一，从 Meta 分析的结果来看，人口变量对草地、林地及耕地资源的影响均是负向的，而对水域的影响则相反，具有正向的作用。不同土地类型面积的大小直接影响防沙治沙工程综合效益的大小，其单位面积资源综合效益的大小为水域>耕地>林地>草地。在干旱半干旱荒漠化地区，经济变量对于防沙治沙工程的效益具有正向的促进作用，尤其是防沙治沙工程资金投入对综合效益具有正向促进作用，防沙治沙地区产业结构对单位面积资源环境效益有负向影响，但对于整体综合效益有正向影响。防沙治沙效益的发挥也具有一定的滞后作用，也反映了防沙治沙工程的资金投入具有一定的时间价值。劳动力投入对防沙治沙综合效益的影响不显著。另外，研究也发现，不同的综合效益评估方法对防沙治沙工程综合效益评估的影响较大。

第二，研究筛选了 168 篇文献资料，45 篇有效样本，2356 个有效数据资料，采用平均误差检验法对 Meta 分析模型的有效性进行了检验。研究结果表明：耕地、林地、草地、水域四大土地利用类型的平均转移误差分别为 10.39%、8.83%、3.97% 和 2.02%。相比较之下，样本外研究地整个资源环境价值的平均转移误差略高，为 20.21%，但均在价值转移模型误差检验所界定的误差范围内，说明通过价值转移模型的有效性检验，可以用于政策实施地的价值评估。因此，研究结果表明，Meta 分析价值转移法是一种较为高效的毛乌素沙地防沙治沙工程综合效益评估的方法。

第三，根据对毛乌素沙地荒漠化防治工程综合效益的评估结果，1990 年、1995 年、2000 年、2005 年、2010 年和 2015 年，毛乌素沙地防沙治沙工程的综合效益分别为 893.78 亿元、864.43 亿元、852.89 亿元、984.64 亿元、1591.74 亿元和 1950.89 亿元，且 2020 年、2025 年有增加的趋势，分别为 2078.44 亿元和 2354.37 亿元。但荒漠化防治工程综合效益的发挥相较于不同荒漠化防治工程的实施有一定的滞后性，滞后期为 2—5 年。另外，从总效益的评估变化可以看出，草地的综合效益占总效益的比重有下降的趋势，而林地综合效益的占比有上升的趋势。因此，加强植树造林也是提高荒漠化防治综合效益的一个途径。

第四，在自然环境因素中，年降水量和年均气温对毛乌素沙地荒漠化防治具有正向作用。其中，年降水量每增加 100mm，植被覆盖率会增加 10% 左右；相应年均气温每增加 1℃，植被覆盖率会增加 2.5%。这不仅验证了气温和降水等自然因素的变化对于毛乌素沙地荒漠化逆转有极大的推动作用，还对自然因素的具体影响进行了量化。因此，从长期来看，毛乌素沙地荒漠化防治也与气候变化等自然因素有密切的关系。

第五，在人工因素，尤其是政策因素影响中，policy_ 1 和 policy_ 2 两个虚拟变量分别在 10% 和 5% 的水平上显著。这一结果也说明，我国的"三北"防护林工程、退耕还林还草工程、京津风沙源治理工程、天保工程和《全国防沙治沙规划（2005—2010）》等实施对于推动毛乌素沙地荒漠化逆转具有明显的正向促进作用。这些政策的实施，使植被覆盖率分别增加了 3.4% 和 4.7%。因此，良好的防沙治沙政策实施，对于推动毛乌素沙地荒漠化逆转也具有明显的正向作用，这对以后的荒漠化管理甚至以后的有关生态工程建设的管理十分重要。

第六，研究通过对 2008—2018 年榆林市生态经济系统能值分析发现，2008—2018 年，榆林市生态经济系统总能值使用量不断增加，主要依靠不可更新资源的消耗，属于高能耗的经济发展模式，而工业废气是造成榆林市生态经济系统环境损耗的主要因素。因此，在荒漠化防治和经济社会发展中，榆林市需尽快进行经济发展模式转型，调整产业结构，发展绿色工业等，提高可持续发展的能力。

第二节 建议

荒漠化防治是关乎民生和发展的大事，也是国家和荒漠化地区各级政府工作的重中之重，只有不断推动荒漠化防治的进程，才能改善当地居民的生产、生活环境，促进社会经济的良性发展，真正实现生态环境和社会经济的可持续发展。结合上述主要研究结论，为促进毛乌素沙地荒漠化防治的进一步发展，现提出如下建议：

第一，加强水域治理，扩大水域面积。不同土地类型对荒漠化防治综合效益的贡献程度是不同的，通过对不同土地类型提供的单位面积价值的分析比较发现，水域所产生的单位面积价值明显高于草地、林地、耕地。因此，从荒漠化防治综合效益的管理角度来看，水域效益提高的发展潜力较大。因此，在荒漠化防治的过程中应加强当地的水域治理，处理好生产、生活与生态用水之间的关系；同时在保证草地、林地、耕地及其他土地类型面积的基础上，通过增设水库适度增加水域面积，并加强节约用水，从而提高毛乌素沙地整体的资源环境价值。

第二，重视经济与生态环境的协同发展。在对荒漠化防治工程综合效益评估的过程中发现，生态环境状况与经济发展水平一般呈现相互制约的关系，社会经济的发展大部分情况下是以牺牲生态环境为代价的。因此，对于荒漠化地区来说，一方面，经济的发展对生态环境的改善、生态平衡的保护等有一定的促进作用；另一方面，过度的经济发展，容易产生对荒漠化地区的生态环境的干扰，并造成破坏。因此，如何保持二者的协调，实现环境保护和经济增长的"双赢"，这是在荒漠化防治中应注意的问题。按照经济学的发展理论来说，在特定阶段，两者是相互促进、同向发展的，能够实现"双赢"。因此，在荒漠化防治过程中，不能盲目通过限制畜牧业、农业发展，控制经济增长速度，来为生态环境保护保驾护航。要积极转变经济发展战略，创新经济发展模式，寻找包括但不限于生态旅游、沙漠产业等经济增长点，既能保证经济的持续发展，也能促进区域荒漠化防治的有效实施，实现经济与生态的共同发展。

第三，不断提高当地农牧民的荒漠化防治意识，进一步加强防沙治沙植被建设。荒漠化的扩大与防治都和人类活动有着密不可分的关系。因此，在荒漠化防治过程中不可忽视当地农牧民的意识的提高。在防治荒漠化的过程中，要大力宣传荒漠化的危害、防沙治沙工程的效益，提高不同人群的防治意识，实现全民防治荒漠化。同时，也要普及专业的防治知识，加强对技术人员的培训，提升防沙治沙的专业化水平。只有提高当地农牧民的防沙治沙意识和专业化水平，才能更好地推进荒漠化防治工程的实施，有效实现荒漠化的治理，减缓荒漠化带来的危害，还当地居民一片碧水蓝天。同时，鉴于绿色植被在防沙治沙中的重要作用，应"宜林则林，宜草则草"，人工和天然结合，扩大植被面积，有助于进一步完善防沙治沙体系，增加防风固沙等综合效益，实现荒漠化防治的健康可持续发展。

第四，对于荒漠化地区的经济发展来说，也应促进产业结构调整，优化产业结构升级，节约自身资源。加快推动第三产业发展，尤其通过发展绿色产业等，培养绿色经济新增长点，逐步摆脱资源的束缚，实现生态经济可持续发展。也要通过不断开发太阳能、风能、水能等新能源，代替不可更新资源的消耗，促进产业结构调整，提高资源利用率。并通过科学管理、技术引进、人才引进、金融扶持等途径，促进荒漠化地区的社会经济和生态环境的可持续发展。

参考文献

[1]罗娟，银山，包玉海，等. 2000—2010 毛乌素沙地植被覆盖动态变化特征分析及其气候响应[C]. 风险分析和危机反应中的信息技术——中国灾害防御协会风险分析专业委员会第六届年会论文集，2014，517-522.

[2]闫峰，吴波，王艳姣. 2000—2010 年毛乌素沙地植被生长状况时空变化特征[J]. 地理科学，2013，33(5)：602-608.

[3]穆家伟，查天山，贾昕，等. 毛乌素沙地典型沙生灌木对土壤蒸发的影响[J]. 北京林业大学学报，2016，38(12)：39-45.

[4]黄永诚，孙建国，颜长珍. 毛乌素沙地植被覆盖变化的遥感分析[J]. 测绘与空间地理信息，2014，37(4)：58-61.

[5]张云霞，李晓冰，陈云浩. 草地植被盖度的多尺度遥感与实地测量方法综述[J]. 地球科学进展，2003，18(1)：85-93.

[6]刘广峰，吴波，范文义，等. 基于像元二分模型的沙漠化地区植被覆盖度提取——以毛乌素沙地为例[J]. 水土保持研究，2006，14(2)：268-271.

[7]刘静，银山，张国盛，等. 毛乌素沙地17年间植被覆盖度变化的遥感监测[J]. 干旱区资源与环境，2009，23(7)：162-167.

[8]黄永诚，孙建国，颜长珍. 毛乌素沙地植被覆盖度变化的遥感分析[J]. 测绘与空间地理信息，2014，37(4)：58-61.

[9]薛倩，牟凤云，涂植凤. 毛乌素沙地植被覆盖度遥感动态监测——以内蒙古乌审旗为例[J]. 重庆第二师范学院学报，2016，29(4)：169-173.

[10]卢中正，张光超，高会军，邱少鹏. 毛乌素沙地东缘植被盖度变化研

究[J]. 地球信息科学，2001(4)：42－44.

[11]周淑琴，荆耀栋，张青峰，等. 毛乌素沙地南缘植被景观格局演变与空间分布特征[J]. 生态学报，2013，33(12)：3774－3782.

[12]成军锋，贾宝全，赵秀海，等. 干旱半干旱地区植被覆盖度的动态变化分析——以毛乌素沙漠南部为例[J]. 干旱区资源与环境，2009，23(12)：172－176.

[13]王立新，刘华民，杨劼，等. 毛乌素沙地气候变化及其对植被覆盖度的影响[J]. 自然资源学报，2010，25(12)：2030－2039.

[14]雷雅凯，郭伟，张军红，等. 毛乌素沙地气候与植被变迁[J]. 西北林学院学报，2012，27(6)：242－247.

[15]郭紫晨，刘树林，康文平，等. 2000—2015年毛乌素沙区植被覆盖度变化趋势[J]. 中国沙漠，2018，38(5)：1099－1107.

[16]朱娅坤，秦树高，张宇清，等. 毛乌素沙地植被物候动态及其对气象因子变化的响应[J]. 北京林业大学学报，2018，40(9)：98－106.

[17]曹艳萍，庞营军，贾晓红. 2001—2016年毛乌素沙地植被的生长状况[J]. 水土保持通报，2019，39(2)：29－37.

[18]杨永梅，杨改河，冯永忠. 近45年毛乌素沙地的气候变化及其与沙漠化的关系[J]. 西北农林科技大学学报(自然科学版)，2007(12)：87－92.

[19]刘宇峰，杜忠潮，原志华，等. 近60a毛乌素沙地东缘主要气候要素的多时间尺度变化特征[J]. 干旱区资源与环境，2016，30(9)：121－127.

[20]林年丰，汤洁. 中国干旱半干旱区的环境演变与荒漠化的成因[J]. 地理科学，2001(1)：24－29.

[21]鲁瑞洁，王亚军，张登山. 毛乌素沙地15ka以来气候变化及沙漠演化研究[J]. 中国沙漠，2010，30(2)：273－277.

[22]舒培仙，李保生，牛东风，等. 毛乌素沙漠东南缘滴哨沟湾剖面DGS1层段粒度特征及其指示的全新世气候变化[J]. 地理科学，2016，36(3)：448－457.

[23]李想，苏志珠，韩瑞，等. 风成沉积地层化学元素记录的毛乌素沙地

气候变化[J].冰川冻土,2019,41(3):563-573.

[24]韩瑞,苏志珠,李想,等.粒度和磁化率记录的毛乌素沙地东缘全新世气候变化[J].中国沙漠,2019,39(2):105-114.

[25]刘荔昀,鲁瑞洁,刘小槺.风成沉积物色度记录的毛乌素沙漠全新世以来气候变化[J].中国沙漠,2019,39(6):83-89.

[26]李如意,赵景波.毛乌素沙地1960—2013年极端气温变化[J].中国沙漠,2016,36(2):483-490.

[27]郝成元,吴绍洪,杨勤业.毛乌素地区沙漠化与土地利用研究[J].中国沙漠,2005,25(1):33-39.

[28]郭坚,王涛,韩邦帅,等.近30a来毛乌素沙地及其周边地区沙漠化动态变化过程研究[J].中国沙漠,2008,28(6):1017-1021.

[29]郝高建,赵先贵,赵昕.毛乌素沙地南缘土地沙漠化防治中的新思路[J].国土与自然资源研究,2003(4):49-50.

[30]王涛,宋翔,颜长珍,等.近35a来中国北方土地沙漠化趋势的遥感分析[J].中国沙漠,2011,31(6):1351-1356.

[31]王涛,薛娴,吴薇,等.中国北方沙漠化土地防治区划(纲要)[J].中国沙漠,2005,25(6):24-30.

[32]樊杰.中国主体功能区划方案[J].地理学报,2015,70(2):186-201.

[33]朱震达.三十年来中国沙漠研究的进展[J].地理学报,1979(4):305-314.

[34]朱震达,刘恕.中国沙漠化土地的特征及其防治的途径[J].自然资源,1980(3):25-37.

[35]吴徵.近50年来毛乌素沙地的沙漠化过程研究[J].中国沙漠,2001(2):164-169.

[36]吴薇,王熙章,姚发芬.毛乌素沙地沙漠化的遥感监测[J].中国沙漠,1997(4):83-88.

[37]王玉华,杨景荣,丁勇,等.近年来毛乌素沙地土地覆被变化特征

[J]．水土保持通报，2008，28(6)：53－57＋199.

[38]赵媛媛，丁国栋，高广磊，等．毛乌素沙区沙漠化土地防治区划[J].
中国沙漠，2017，37(4)：635－643.

[39]闫峰，吴波．近40a毛乌素沙地荒漠化过程研究[J]．干旱区地理，
2013，36(6)：987－996.

[40]徐小玲，延军平．毛乌素沙地的气候对全球气候变化的响应研究[J].
干旱区资源与环境，2004(1)：135－139.

[41]刘登伟，张月鸿．全球变化下毛乌素沙漠气候变化特征[J]．干旱区资
源与环境，2003(6)：78－81.

[42]刘登伟，延军平，张月鸿．毛乌素沙漠区气候变化空间分布比较研究
[J]．资源科学，2003(6)：71－76.

[43]柏菊，闫峰．2001—2012年毛乌素沙地荒漠化过程及驱动力研究[J].
南京师大学报(自然科学版)，2016，39(1)：132－138.

[44]王静璞，张晓凤，宗敏．21世纪初毛乌素沙地NDVI时空变化特征及影
响因素[J]．科技创新导报，2015，12(34)：160－161＋163.

[45]刘志仁．美国和以色列沙漠治理对我国毛乌素沙漠治理的制度启示
[J]．内蒙古社会科学(汉文版)，2007(1)：93－97.

[46]吴薇．毛乌素沙地沙漠化过程及其整治对策[J]．中国生态农业学报，
2001(3)：19－22.

[47]郭坚，王涛，韩邦帅，等．近30a来毛乌素沙地及其周边地区沙漠化
动态变化过程研究[J]．中国沙漠，2008(6)：1017－1021.

[48]包岩峰，杨柳，龙超，等．中国防沙治沙60年回顾与展望[J]．中国水
土保持科学，2018，16(2)：144－150.

[49]郭少阳，郑蝉金，陈彦垒．方差分析与回归分析的整合：虚拟变量与
设计矩阵[J]．统计与决策，2018，34(12)：25－28.

[50]傅莺莺，田振坤，李裕梅．方差分析的回归解读与假设检验[J]．统计
与决策，2019，35(8)：77－80.

[51]陈崇双，唐家银，何平．方差分析法的线性回归建模重构[J]．统计与

决策，2018，34（7）：71－75.

[52] 白永昕，田茂再. 基于多重比较检验的函数型数据方差分析[J]. 统计与决策，2018，34（10）：62－65.

[53] 戴金辉，韩存. 双因素方差分析方法的比较[J]. 统计与决策，2018，34（4）：30－33.

[54] 白晓飞. 荒漠化地区土地利用的生态服务价值估算——以内蒙古伊金霍洛旗为例[D]. 北京：中国农业大学，2003.

[55] 陈晓林，杨宗信，杨忠. 西藏昌都地区土地利用变化对生态系统服务价值的影响[J]. 世界科技研究与发展，2008（1）：78－80.

[56] 丛日征，王兵，谷建才，等. 宁夏贺兰山国家级自然保护区森林生态系统服务价值评估[J]. 干旱区资源与环境，2017，31（11）：136－140.

[57] 第五次全国荒漠化和沙化状况公报发布荒漠化土地面积持续缩减[J]. 中国环境科学，2016，36（1）：205.

[58] 丁雪，雷国平，许端阳，等. 1981—2010 年内蒙古沙漠化演变对区域生态系统服务价值的影响[J]. 水土保持研究，2018，25（1）：298－303.

[59] 范田芳，阿如旱，秦富仓，等. 内蒙古武川县土地利用变化对生态系统服务价值的影响[J]. 内蒙古大学学报（自然科学版），2019，50（1）：104－112.

[60] 封建民，文琦，郭玲霞. 风沙过渡区土地利用变化对生态系统服务价值的影响——以榆林市为例[J]. 水土保持研究，2018，25（4）：304－308.

[61] 宫晓琳，赵冰，弓弼，李欣荐，管丽娟. 陕西省湿地生态系统服务价值初步评估[J]. 湿地科学，2017，15（6）：871－874.

[62] 古丽波斯坦·巴图，丁建丽，李艳菊. 干旱区土地利用/覆盖变化与生态环境效应研究——以渭－库绿洲为例[J]. 草地学报，2018，26（1）：53－61.

[63] 郭明，李新. Meta 分析及其在生态环境领域研究中的应用[J]. 中国沙漠，2009，29（5）：911－919.

[64] 黄青，孙洪波，王让会，等. 干旱区典型山地－绿洲－荒漠系统中绿洲土地利用/覆盖变化对生态系统服务价值的影响[J]. 中国沙漠，2007（1）：

76 - 81.

[65]黄羽，王磊，孙权，等. 内蒙古腰坝绿洲区土地利用变化对生态系统服务价值的影响[J]. 贵州农业科学，2013，41(2)：65 - 69.

[66]贾静. 近20年内蒙古土地利用/覆盖变化及其生态系统服务价值估算[D]. 呼和浩特：内蒙古师范大学，2012.

[67]焦亮，赵成章. 祁连山国家自然保护区山丹马场草地生态系统服务功能价值分析及评价[J]. 干旱区资源与环境，2013，27(12)：47 - 52.

[68]李鑫，叶有华，付岚. 干旱半干旱区湿地生态系统服务价值评估——以内蒙古鄂托克前旗为例[J]. 中国林业经济，2017(4)：11 - 15.

[69]李鑫，叶有华，王伊拉图，等. 干旱半干旱地区草地资源价值评估研究——以鄂托克前旗草地资源资产负债表编制为例[J]. 干旱区资源与环境，2018，32(5)：136 - 143.

[70]李怡，郭力宇，温豪. 陕西渭北旱塬区土地利用与生态系统服务价值变化——以陇县为例[J]. 水土保持研究，2019，26(1)：368 - 373.

[71]李有斌，王刚. 民勤荒漠绿洲植被的生态服务功能价值化研究[J]. 兰州大学学报，2006(1)：44 - 49.

[72]李钊，安放舟，张永福，等. 喀什市生态系统服务价值对土地利用变化的响应及预测[J]. 水土保持通报，2015，35(5)：274 - 278.

[73]梁舒舒，姚燕，张占录. 生态系统服务价值估算在土地整理项目效益评价中的应用[J]. 国土资源科技管理，2011，28(5)：20 - 25.

[74]刘祗坤，吴全，苏根成. 土地利用类型变化与生态系统服务价值分析——以赤峰市农牧交错带为例[J]. 中国农业资源与区划，2015，36(3)：56 - 61.

[75]柳江，彭少麟. 生态学与医学中的整合分析(Meta - analysis)[J]. 生态学报，2004(11)：2627 - 2634.

[76]李文华，等. 生态系统服务功能价值评估的理论、方法与应用[M]. 北京：中国人民大学出版社，2008：60 - 62.

[77]欧阳志云，王效科，苗鸿. 中国陆地生态系统服务功能及其生态经济

价值的初步研究[J]. 生态学报, 1999(5): 19 – 25.

[78]彭皓, 李镇清. 锡林河流域天然草地生态系统服务价值评价[J]. 草业学报, 2007(4): 107 – 115.

[79]漆信贤, 黄贤金, 赖力. 基于Meta分析的中国森林生态系统生态服务功能价值转移研究[J]. 地理科学, 2018, 38(4): 522 – 530.

[80]齐拓野, 米文宝, 邹淑燕, 等. 基于生态系统服务价值核算的土地利用规划评估——以宁夏隆德县为例[J]. 宁夏大学学报(自然科学版), 2009, 30(4): 402 – 404.

[81]祁有祥, 赵廷宁. 我国防沙治沙综述[J]. 北京林业大学学报(社会科学版), 2006(S1): 51 – 58.

[82]石益丹, 李玉浸, 杨殿林, 等. 呼伦贝尔草地生态系统服务功能价值评估[J]. 农业环境科学学报, 2007(6): 2099 – 2103.

[83]受梦婷, 朱志玲, 任凯丽. 宁夏盐池县土地利用变化对生态系统服务价值的影响[J]. 农业科学研究, 2016, 37(3): 22 – 26 + 31.

[84]司慧娟, 袁春, 周伟. 青海省土地利用变化对生态系统服务价值的影响研究[J]. 干旱地区农业研究, 2016, 34(3): 254 – 260.

[85]特尔格勒. 鄂托克旗土地利用现状与地区贫困的相关研究[J]. 西部资源, 2016(4): 179 – 182.

[86]田春, 李世平. 西部地区土地利用变化对生态系统服务价值的影响——以宝鸡市为例[J]. 武汉理工大学学报(社会科学版), 2010, 23(3): 340 – 344.

[87]田龙, 张青峰, 塔娜, 等. 西北旱区生态服务价值时空动态研究[J]. 干旱地区农业研究, 2017, 35(6): 227 – 234.

[88]田石磊, 廖超英, 王小翠, 等. 蓝田县森林生态系统服务价值的评价[J]. 西北农林科技大学学报(自然科学版), 2009, 37(5): 133 – 138.

[89]汪有奎, 郭生祥, 汪杰, 等. 甘肃祁连山国家级自然保护区森林生态系统服务价值评估[J]. 中国沙漠, 2013, 33(6): 1905 – 1911.

[90]王春芳, 叶茂, 徐海量. 新疆草地生态系统的服务功能及其价值评估

初探[J]. 石河子大学学报(自然科学版), 2006(2): 217-222.

[91]王龙,徐刚,刘敏. 基于信息熵和GM(1,1)的上海市城市生态系统演化分析与灰色预测[J]. 环境科学学报, 2016, 36(6): 2262-2271.

[92]王亚娟,刘小鹏,关文超. 山区土地利用变化对生态系统服务价值的影响分析——以宁夏彭阳县为例[J]. 生态经济, 2010(5): 146-149+162.

[93]王燕,高吉喜,王金生,等. 生态系统服务价值评估方法述评[J]. 中国人口·资源与环境, 2013, 23(S2): 337-339.

[94]文明,乌兰. 实现绿色发展是内蒙古实施乡村振兴战略的必经之路[J]. 北方经济, 2019(1): 75-77.

[95]肖涛,韩广,韩华瑞. 干旱区县域土地覆被变化特征及其生态环境效应——以内蒙古自治区翁牛特旗为例[J]. 水土保持通报, 2016, 36(6): 240-246.

[96]幸绣程,支玲,谢彦明,张媛. 基于单位面积价值当量因子法的西部天保工程区生态服务价值测算——以西部六省份为例[J]. 生态经济, 2017, 33(9): 195-199.

[97]杨玲,孔范龙,郗敏,等. 基于Meta分析的青岛市湿地生态系统服务价值评估[J]. 生态学杂志, 2017, 36(4): 1038-1046.

[98]杨荣,吴秀花,杨宏伟,等. 包头黄河湿地生态系统服务价值评估[J]. 内蒙古林业科技, 2018, 44(04): 43-49.

[99]张锦秀,徐丙振. GM(1,1)灰色预测方法的改进[J]. 统计与决策, 2016(11): 16-18.

[100]张楠,王继军,崔绍芳,等. 黄土丘陵沟壑区退耕林生态系统服务价值评估——以陕西省安塞县为例[J]. 水土保持研究, 2013, 20(2): 176-180, 185.

[101]张庆,许田,牛建明,等. 基于土地利用变化的生态系统服务价值分析——以呼和浩特市为例[J]. 北方经济, 2007(14): 28-29.

[102]张雅昕,刘娅,朱文博,等. 基于Meta回归模型的土地利用类型生态系统服务价值核算与转移[J]. 北京大学学报(自然科学版), 2016, 52(3):

493 – 504.

[103]张英, 胡琴, 宏泉. 用绿色书写希望——探寻内蒙古自治区鄂托克旗防沙治沙历程[J]. 中国林业, 2010(21)：7 – 12.

[104]张裕凤, 布仁. 内蒙古鄂托克旗土地利用现状分析研究[J]. 干旱区资源与环境, 1999(S1)：52 – 57.

[105]赵鸿雁, 陈英, 杨洁, 等. 基于改进当量的甘肃省耕地生态系统服务价值及其与区域经济发展的空间关系研究[J]. 干旱区地理, 2018, 41(4)：851 – 858.

[106]赵锦程. 西宁市土地利用变化对区域生态系统服务价值的影响[J]. 西部资源, 2012(3)：178 – 183.

[107]赵玲, 王尔大, 苗翠翠. ITCM 在我国游憩价值评估中的应用及改进[J]. 旅游学刊, 2009, 24(3)：63 – 69.

[108]赵玲, 王尔大. 评述效益转移法在资源游憩价值评价中的应用[J]. 中国人口·资源与环境, 2011, 21(S2)：490 – 495.

[109]赵苗苗, 赵海凤, 李仁强, 等. 青海省1998—2012 年草地生态系统服务功能价值评估[J]. 自然资源学报, 2017, 32(3)：418 – 433.

[110]赵敏敏, 周立华, 陈勇, 等. 生态政策驱动下的内蒙古自治区杭锦旗土地利用及生态系统服务价值变化[J]. 中国沙漠, 2016, 36(3)：842 – 850.

[111]赵宁, 俞顺章. Meta – analysis 方法与应用[J]. 肿瘤, 1995(S1)：136 – 137, 131.

[112]郑凤英, 陆宏芳, 彭少麟. 整合分析在生态学应用中的优势及存在的问题[J]. 生态环境, 2005(3)：417 – 421.

[113]郑国强, 王景升. 西藏天然林保护区生态服务价值评估[J]. 西部林业科学, 2016, 45(6)：49 – 55.

[114]朱晓磊, 张建军, 程明芳, 等. 基于 Meta 分析的矿业城市生态服务价值转移研究[J]. 自然资源学报, 2017, 32(3)：434 – 448.

[115]ADGER W N, BROWN K, CERVIGIN R, et al. Total economic value of forests in Mexico[J]. Ambio, 1995, 24(5)：286 – 296.

[116]BENNETT E M, PETERSON G D, GORDON L J. Understanding relation-ships among multiple ecosystem services [J]. Ecology Letters, 2009, 12 (12): 1394 – 1404.

[117]BERGSTROM J C, CIVITA P D, et al. Status of Benefits Transfer in the United States and Canada: A Review [J]. Canadian Journal of Agricultural Econom-ics, 1999, 47: 79 – 87.

[118]BOHIND P, HUNBAMMAR S. Ecosystem service in urban areas[J]. Ec-ological Economics, 1999(29): 293 – 301.

[119]BOCKSTAEL N, COSTANZA R, STRAND I, et al. 1995. Ecological Eco-nomic Modeling and Valuation of Ecosystems [J]. Ecological Economics, 14 (2): 143 – 159.

[120]BOYLE K J, BERGSTROM J C. Benefit transfer studies – myths. pragma-tism, and Idealism[J]. Water Resource Research, 1992, 28(3): 657 – 663.

[121]BROOKSHIRE D S, NEILL H R. Benefit transfers – conceptual and em-pirical issues[J]. Water Resource Research, 1992, 28(3): 651 – 655.

[122]COSTANZA R. The Economic Benefit of the world's ecosystem services and natural capital[J]. Nature. 1997, 387: 253 – 260.

[123]ROBERT C, RALPH A, RUDOLF D G, et al. 1998. The value of ecosys-tem service s: putting the issues in perspective [J]. Ecological Economics, 25 (1): 67 – 72.

[124]DAILY G. Nature's services: societal dependence on natural ecosystems [M]. Washington DC: Island Press, 1997.

[125]DESVOUSGES W H, NAUGHTN M C, PARSONS G R. Benefit transfer – conceptual problems in water – quality benefits using existing studies[J]. Water Re-source Research, 1992, 8(3): 695 – 700.

[126]ELISAL. G, JOHN. E. Cotiform transport in a pristine – reservoir: model-ing and field studies[J]. Wat Sci Tech, 1998, 37(2): 137 – 144.

[127]FABER M, WINKLER R. Heterogeneity and Time: From Austrian Capital

Theory to Ecological Economics[J]. The American Journal of Economics and Sociology, 2006, 65(3): 803 –825.

[128]JOHNSTON R J, ROSENBERGER R S. Methods, trends and controversies in contemporary benefit transfer[J]. Journal of Economic Surveys, 2010, 24(3): 479 –510.

[129]LIMBURG K E, O'NEILL R V, COSTANZA R, et al. 2002. Complex systems and valuation [J]. Ecological Economics, 2002, 41(3): 409 –420.

[130]LOOMIS J B. The evolution of a more rigorous approach to benefit transfer-benefit function transfer [J]. Water Resource Research, 1992, 28(3): 701 –705.

[131]ODUM H T. Environmental Accounting: Emergy and Environmental Decision Making[M]. New York: John Willey and Sons, 1996.

[132] PETERS C A, GENTRY A H, MENDELSOHN R O. Valuation of an Amanzoni an rainforest[J]. Nature, 1989, 339: 665 –656.

[133]PEARCE D, MORAN D. The economic value of biodiversity[M]. Earthscan, 1994.

[134]POUTA E, REKOLA, M. Meta analysis of forest valuation studies[R]. Working paper. 2005.

[135]SANTOS C P, CAROLLO C, YOSKOWITZ D W. Gulf of Mexico Ecosystem Service Valuation Database (Geco Serv) [J]. Marine Policy, 2012, 36(1): 214 –217.

[136]ROGER A S. The comparative economics of plantation forestry [M]. Batimore and London: The Johns Hopkings University press. 1988.

[137]TOBIAS D, Mendelsohn R. Valuing ecotourism in a tropital rainforest reserve[J]. Ambio, 1991, 20, 9 1 –93.

[138] U. S. Environmental Protection Agency. Guidelines for preparing economic analyses: EPA 240 – R – 00 –003[R]. Washington, DC: EPA, 2000: 87.

[139]UN. United Nations convention to combat desertification in those countries experiencing serious drought and/or desertification particularly in Africa[Z]. 1994.

[140]VITOUSEK P, EHRLICH P, EHRLICH A, et al. Human appropriation of the products of photosynthesis[J]. Bio – science, 1986, 36: 368 – 373.

[141]PODSAKOFF P M, MACKENZIE S B, LEE J Y, et al. Common method biases in behavioral research: A critical review of the literature and recommended remedies[J]. Journal of applied psychology, 2003, 88(5): 879.

[142]KLINE R B. Principles and practice of structural equation modeling[M]. Guilford publications, 2015.

[143]BYRNE B M. Structural equation modeling with AMOS: Basic concepts, applications, and programming[M]. Routledge, 2016.

[144]HAIR J J F, HULT G T M, RINGLE C, et al. A primer on partial least squares structural equation modeling (PLS – SEM)[M]. Sage Publications, 2016.

[145]ANDERSON J C, GERBING D W. Structural equation modeling in practice: A review and recommended two – step approach[J]. Psychological bulletin, 1988, 103(3): 411.

[146]《中国能源》编辑部(卷首语). 中共中央、国务院印发《关于加快推进生态文明建设的意见》[J]. 中国能源, 2015, 37(5): 1.

[147]陈立武. 管理中的叠加效应及其合理运用[J]. 教书育人: 校长参考, 2019(8): 15 – 15.

[148]郭少阳, 郑蝉金, 陈彦垒. 方差分析与回归分析的整合: 虚拟变量与设计矩阵[J]. 统计与决策, 2018, 34(12): 25 – 28.

[149]傅莺莺, 田振坤, 李裕梅. 方差分析的回归解读与假设检验[J]. 统计与决策, 2019, 35(8): 77 – 80.

[150]陈崇双, 唐家银, 何平. 方差分析法的线性回归建模重构[J]. 统计与决策, 2018, 34(7): 71 – 75.

[151]HUTCHINSON G E. Concluding remarks: population studies animal ecology and demography. Cold Spring Harbor Symposia on Quantitative Biology[J], 1957, 22: 415 – 427.

[152]LIMBURG KARIN E, O'NEILL R V, Costanza Robert. Complex systems

and valuation [J]. Ecological Economics, 2002, 41(3)：409 – 420.

[153]李世东. 世界重点生态工程建设进展及其启示[J]. 林业经济, 2000, (3)：22.

[154]关百钧. 世界林业发展概论[M]. 北京：中国林业出版社, 1994.

[155]李世东. 中国林业生态工程50年[J]. 森林与人类, 1999,（10）：10 – 11.

[156]PROAN M. 城市社会效益的评价[Z]. 史玉玲, 译. 国外森林公益效能计量研究, 1983：22 – 24.

[157]日本林业厅. 森林公益效能计量调查——绿色效益调查[M]. 杨惠民, 译. 北京：中国林业出版社, 1982.

[158]高素萍, 陈其兵, 等. 森林生态效益的季节阿兹理论问题探讨[J], 四川农业大学学报, 2002, 2(3)：275 – 2 77.

[159]COSTANZA R, et al. The Economic Benefit of the world's ecosystem services and natural capital[J]. Nature, 1997, 387：253 – 260.

[160]杨秀春, 朱晓华, 徐斌, 等. 辽西北地区土地荒漠化研究及其进展[J]. 灾害学, 2008, 23（2）：117 – 122.

[161]王博, 丁国栋, 马士龙, 等. 毛乌素沙地人工种植羊柴生长状况及其对流沙的固定效果[J]. 水土保持研究, 2007, 14(2)：11 – 12.

[162]国家林业局. 第五次全国荒漠化和沙化状况公报发布荒漠化土地面积持续缩减[J]. 中国环境科学, 2016, 36(1)：205.

[163]张颖. 北京市生态足迹变化与可持续发展的影响研究[J]. 中国地质大学学报, 2006(7)：47 – 55.

[164]张志强, 徐中民, 程国栋. 生态足迹的概念及计算模型[J]. 生态经济, 2000(10)：8 – 10.

[165]MATHIS W. National Natural Capital Accounting with the Ecological Footprint Concept[J]. Ecological Economics, 1999(29)：375 – 390.

[166] TURNERA K, LENZENB M, WIEDMANNC L, et al. Examining the global environmental impact of regional consumption activities – Part 1：A technical

note on combining Input – Output and Ecological Footprint analysis[J]. Ecological Economics, 2007, 62(1): 37 – 44.

[167]叶田, 杨海真. 生态足迹模型的修正与应用[J]. 环境科学与技术, 2010, 33(S1): 449 – 454.

[168]郭显光. 改进的熵值法及其在经济效益评价中的应用[J]. 系统工程理论与实践, 1998(12): 99 – 103.

[169]周梅华. 可持续消费测度中的熵权法及其实证研究[J]. 系统工程理论与实践, 2003, 23(12): 25 – 31.

[170]尹航. 基于 AHP_ Entropy 方法的科技成果转化绩效评价[J]. 运筹与管理, 2007(6): 111 – 116.

[171]钟昌宝, 魏晓平, 聂茂林, 等. 一种考虑风险的供应链利益两阶段分配法——正交投影熵值法[J]. 中国管理科学, 2010, 18(2): 68 – 74.

[172]陈文汇, 等. 林业统计、监测与评价指标体系和方法研究[M]. 北京: 中国林业出版社, 2013.

[173]冯春丽, 游娇娇. 空间依赖与广东经济增长关系的研究——基于 SDM 模型的分析[J]. 特区经济, 2015(4): 30 – 32.

[174]彭张林, 张强, 李珠瑞, 等. 改进的离差最大化决策模型及其在临近空间多任务规划中的应用[J]. 系统工程理论与实践, 2014, 34(2): 421 – 427.

[175]常显显, 纪聪, 杨凤海, 等. 基于 GIS 和计量地理模型的双城市土地利用结构分析[J]. 中国科技信息, 2009(22): 16 – 17.

[176][美]安塞尔·M·夏普(Ansel M. Sharp), 查尔斯·A·雷吉斯特(Charles A. Register), 保罗·W·格兰姆斯(Paul W. Grimes). 经济科学译丛: 社会问题经济学(第二十版)(M). 郭庆旺, 译. 北京: 中国人民大学出版社, 2015.

[177]赵敏敏, 周立华, 陈勇, 等. 生态政策驱动下的内蒙古自治区杭锦旗土地利用及生态系统服务价值变化[J]. 中国沙漠, 2016, 36(3): 842 – 850.

[178]赵苗苗, 赵海凤, 李仁强, 等. 青海省 1998 – 2012 年草地生态系统服务功能价值评估[J]. 自然资源学报, 2017, 32(3): 418 – 433.

[179]张雅昕，刘娅，朱文博，等. 基于 Meta 回归模型的土地利用类型生态系统服务价值核算与转移[J]. 北京大学学报(自然科学版)，2016，52(3)：493－504.

[180]张庆，许田，牛建明，等. 基于土地利用变化的生态系统服务价值分析——以呼和浩特市为例[J]. 北方经济，2007(14)：28－29.

[181]卢琦，李新荣，肖洪浪，等. 荒漠生态系统观测方法[M]. 北京：中国环境科学出版社，2003：66－92.

[182]赵鸿雁，陈英，杨洁，等. 基于改进当量的甘肃省耕地生态系统服务价值及其与区域经济发展的空间关系研究[J]. 干旱区地理，2018，41(4)：851－858.

[183]赵玲，王尔大. 评述效益转移法在资源游憩价值评价中的应用[J]. 中国人口·资源与环境，2011，21(S2)：490－495.

[184]吴徽. 近50年来毛乌素沙地的沙漠化过程研究[J]. 中国沙漠，2001(2)：164－169.

[185]吴薇，王熙章，姚发芬. 毛乌素沙地沙漠化的遥感监测[J]. 中国沙漠，1997(4)：83－88.

[186]王玉华，杨景荣，丁勇，等. 近年来毛乌素沙地土地覆被变化特征[J]. 水土保持通报，2008，28(6)：53－57，199.

[187]赵媛媛，丁国栋，高广磊，等. 毛乌素沙区沙漠化土地防治区划[J]. 中国沙漠，2017，37(4)：635－643.

[188]闫峰，吴波. 近40a毛乌素沙地荒漠化过程研究[J]. 干旱区地理，2013，36(6)：987－996.

[189]徐小玲，延军平. 毛乌素沙地的气候对全球气候变化的响应研究[J]. 干旱区资源与环境，2004(1)：135－139.

[190]刘登伟，张月鸿. 全球变化下毛乌素沙漠气候变化特征[J]. 干旱区资源与环境，2003(6)：78－81.

[191]刘登伟，延军平，张月鸿. 毛乌素沙漠区气候变化空间分布比较研究[J]. 资源科学，2003(6)：71－76.

[192]柏菊,闫峰.2001-2012年毛乌素沙地荒漠化过程及驱动力研究[J]. 南京师大学报(自然科学版),2016,39(1):132-138.

[193]王静璞,张晓凤,宗敏.21世纪初毛乌素沙地NDVI时空变化特征及影响因素[J].科技创新导报,2015,12(34):160-161+163.

[194]吴薇.毛乌素沙地沙漠化过程及其整治对策[J].中国生态农业学报, 2001(3):19-22.

[195]郭坚,王涛,韩邦帅,等.近30a来毛乌素沙地及其周边地区沙漠化动态变化过程研究[J].中国沙漠,2008(6):1017-1021.

[196]包岩峰,杨柳,龙超,等.中国防沙治沙60年回顾与展望[J].中国水土保持科学,2018,16(2):144-150.

[197]PODSAKOFF P M, MACKENZIE S B, LEE J Y, et al. Common method biases in behavioral research: A critical review of the literature and recommended remedies[J]. Journal of applied psychology, 2003, 88(5): 879.

[198]KLINE R B. Principles and practice of structural equation modeling[M]. Guilford publications, 2015.

[199]BYRNE B M. Structural equation modeling with AMOS: Basic concepts, applications, and programming[M]. Routledge, 2016.

[200]HAIR J J F, HULT G T M, RINGLE C, et al. A primer on partial least squares structural equation modeling (PLS-SEM)[M]. Sage Publications, 2016.

[201]郭少阳,郑蝉金,陈彦垒.方差分析与回归分析的整合:虚拟变量与设计矩阵[J].统计与决策,2018,34(12):25-28.

[202]傅莺莺,田振坤,李裕梅.方差分析的回归解读与假设检验[J].统计与决策,2019,35(8):77-80.

[203]陈崇双,唐家银,何平.方差分析法的线性回归建模重构[J].统计与决策,2018,34(7):71-75.

[204]ANDERSON J C, GERBING D W. Structural equation modeling in practice: A review and recommended two-step approach[J]. Psychological bulletin, 1988, 103(3): 411-412.

［205］陈雯. 生态经济: 自然和经济双赢的新发展模式［J］. 长江流域资源与环境, 2018, 27(1): 1-5.

［206］黄洵, 黄民生. 基于能值分析的城市可持续发展水平与经济增长关系研究——以泉州市为例［J］. 地理科学进展, 2015, 34(1): 38-47.

［207］CASTELLINI C, BOGGIA A, CORTINA C, et al. A multicriteria approach for measuring the sustainability of different poultry production systems［J］. Journal of Cleaner Production, 2012, 37: 192-201.

［208］WILFART A, PRUDHOMME J, BLANCHETON J P, et al. LCA and emergy accounting of aquaculture systems: Towards ecological intensification［J］. Journal of Environmental Management, 2013, 121: 96-109.

［209］李双成, 傅小锋, 郑度. 中国经济持续发展水平的能值分析［J］. 自然资源学报, 2001(4): 297-304.

［210］孙兴丽. 河北省 2005-2014 年生态经济系统发展趋势及可持续性评价［J］. 生态经济, 2016, 32(4): 100-104.

［211］王鹏, 刘小鹏, 姚晓艳, 等. 基于能值分析的宁夏生态经济系统可持续发展评价［J］. 生态经济, 2018, 34(1): 70-73.

［212］张虹, 黄民生, 胡晓辉. 基于能值分析的福建省绿色 GDP 核算［J］. 地理学报, 2010, 65(11): 1421-1428.

［213］董孝斌, 严茂超, 董云, 等. 基于能值的内蒙古生态经济系统分析与可持续发展战略研究［J］. 地理科学进展, 2007, 26(3): 47-56.

［214］王秀明, 孟伟庆, 李洪远. 基于能值分析法的天津市绿色 GDP 核算［J］. 生态经济(学术版), 2011(2): 85-89.

［215］孙玥, 程全国, 李晔, 等. 基于能值分析的辽宁省生态经济系统可持续发展评价［J］. 应用生态学报, 2014, 25(1): 188-194.

［216］王楠楠, 章锦河, 刘泽化, 等. 九寨沟自然保护区旅游生态系统能值分析［J］. 地理研究, 2013, 32(12): 2346-2356.

［217］陆宏芳, 蓝盛芳, 李谋召, 等. 农业生态系统能值分析方法研究［J］. 韶关大学学报(自然科学版), 2000(4): 74-78.

[218]杨灿，朱玉林，李明杰. 洞庭湖平原区农业生态系统的能值分析与可持续发展[J]. 经济地理，2014，34(12)：161-166.

[219]刘耕源，杨志峰，陈彬，等. 基于能值分析的城市生态系统健康评价——以包头市为例[J]. 生态学报，2008(4)：1720-1728.

[220]胡伟，韩增林，葛岳静，等. 基于能值的中国海洋生态经济系统发展效率 [J]. 经济地理，2018，38(8)：163-171.

[221]孙玉峰，郭全营. 基于能值分析法的矿区循环经济系统生态效率分析[J]. 生态学报，2014，34(3)：710-717.

[222] PULSELLI R M, SIMONCINI E, PULSELLI F M. Emergy analysis of building manufacturing, maintenance and use：Em - building indices to evaluate housing sustainability [J]. Energy and buildings, 2007, 39：620-628.

[223]LI D Z, ZHU J, HUI E C M. An emergy analysis - based methodology for eco - efficiency evaluation of building manufacturing [J]. Ecological indicators, 2011, 11：1419-1425.

[224]ODUM H T, ODUM E C . Modeling for all scale [M]. San diego：Academic Press, 2000.

[225]蓝盛芳，钦佩，陆宏芳，等. 生态经济系统能值分析[M]. 化学工业出版社环境科学与工程出版中心，2002(7).

[226]杨晓娟，楚新正. 内蒙古鄂托克旗生态经济系统能值分析[J]. 安徽农业科学，2010，38(2)：890-892.

[227]吴姝冬，肖玲，马娟霞，等. 陕西生态经济系统发展水平的能值分析[J]. 华中师范大学学报(自然科学版)，2009，43(4)：683-687.

[227]BROWN M T, ULGATI S. Emergy - based and rations to evaluate sustainability：monitoring economies and technology toward environmentally sound innovation [J]. Ecological Engineering, 1997(9)：51-69.

[229]ULGITI S, ODUM H T, BASTIANONI S. Emergy use, environment loading and sustainability：An emergy analysis of Italy[J]. Ecological Modeling, 1994, 73：215-268.

[230]陆宏芳，蓝盛芳，李雷，等．评价系统可持续发展能力的能值指标[J]．中国环境科学，2002(4)：93-97．

[231]李恒，黄民生，姚玲，等．基于能值分析的合肥城市生态系统健康动态评价[J]．生态学杂志，2011，30(1)：183-188．

[232]ODUM H T．系统生态学[M]．蒋有绪，徐德应，等译．北京：科学出版社，1993．

[233]朱海娟，姚顺波．宁夏荒漠化治理生态系统耦合效应研究[J]．统计与信息论坛，2014，29(11)：71-76．

[234]张国兴，马玲飞．基于能值分析的资源型区域生态经济系统研究[J]．生态经济，2018，34(12)：40-46．

[235]王一超，赵桂慎，彭澎，等．基于能值与生命周期评价耦合模型的农业生态系统生态效益评估：以北京市郊区为例[J]．农业环境科学学报，2018，37(6)：1311-1320．

[236]巩芳，庞雪倩．基于能值理论的内蒙古农业生态系统可持续发展评价研究[J]．理论与实践，2018，6(10)：25-28．

[237]窦睿音，刘学敏，张昱．基于能值分析的陕西省榆林市绿色GDP动态研究[J]．自然资源学报，2016，31(6)：994-1003．